TEZHONGZUOYE (WEIXIAN HUAXUEPIN) KAOSHI ZHUANGZHI CAOZUO PEIXUN JIAOCHENG
HECHENGAN GONGYI

特种作业（危险化学品）考试装置操作培训教程

合成氨工艺

高志新　戚焕震　主编

陈桂娥　主审

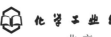

化学工业出版社

·北京·

内 容 简 介

特种作业（危险化学品）考试装置操作培训教程是结合上海信息技术学校考点具体情况，并参照特种作业人员安全生产资格考试系列标准进行编写的，旨在提高危险化学品生产从业人员的职业安全素养与实际操作技能。

本书梳理了合成氨工艺的具体考核方案，介绍了仿真练习平台的使用及化工仿真 3D 软件操作方法，重点通过视频微课、动画等形式讲解了离心泵、换热器、往复压缩机、吸收解吸、离心压缩机、合成气压缩机、合成氨反应系统共七个装置的隐患排查与现场应急处置的仿真操作规程及现场实物装置操作说明。学员可以扫描书中的二维码查看及学习相关单元装置的操作方法。

本书适合合成氨工艺等危险化学品生产从业人员培训使用，也适合课程涉及化工仿真 3D 软件的相关教学使用。

图书在版编目（CIP）数据

特种作业（危险化学品）考试装置操作培训教程. 合成氨工艺 / 高志新，戚焕震主编. —北京：化学工业出版社，2022.12

ISBN 978-7-122-42330-6

Ⅰ.①特…　Ⅱ.①高…②戚…　Ⅲ.①化工产品 - 危险品 - 化工设备 - 操作 - 安全培训 - 教材②合成氨生产 - 生产工艺 - 化工设备 - 操作 - 安全培训 - 教材　Ⅳ.① TQ05

中国版本图书馆 CIP 数据核字（2022）第 188852 号

责任编辑：刘心怡　旷英姿　　　　　　　　文字编辑：陈立璞
责任校对：杜杏然　　　　　　　　　　　　装帧设计：王晓宇

出版发行：化学工业出版社（北京市东城区青年湖南街13号　邮政编码100011）
印　　装：中煤（北京）印务有限公司
710mm×1000mm　1/16　印张7　字数140千字　2023年1月北京第1版第1次印刷

购书咨询：010-64518888　　　　　　　　售后服务：010-64518899
网　　址：http://www.cip.com.cn
凡购买本书，如有缺损质量问题，本社销售中心负责调换。

定　　价：38.00元

模块一

合成氨工艺作业考核实施方案

1. 理论考试	考试方式	考试时长	考题选择
理论内容	计算机考试	120min	安全生产知识
2. 科目一：安全用具使用	**考试方式**	**考试时长**	**考题选择**
灭火器的选择与使用	实际操作	3min	四选二 （详见《特种作业 （危险化学品）公 共考试科目培训 指导手册》）
正压式空气呼吸器的使用	理论考试（40分） 实际操作（60分）	20min	
创伤包扎	理论考试（40分） 实际操作（60分）	8min	
单人徒手心肺复苏操作	理论考试（10分） 实际操作（90分）	15min	
3. 科目三：作业现场安全隐患排除		**考试方式**	**考试时长**	**考题选择**
离心泵	入口管线堵	实物装置 + 仿真操作	8min	五选二
	原料泵抽空			
	长时间停电			
	原料泵坏			
	出料流量控制阀卡			
换热器	换热器结垢	实物装置 + 仿真操作	8min	
	冷物料中断			
	冷物流泵坏			
	长时间停电			
	热物流泵坏			

续表

3. 科目三：作业现场安全隐患排除		考试方式	考试时长	考题选择
往复压缩机	长时间停电	实物装置 + 仿真操作	8min	五选二
	冷却水中断			
	润滑油冷却器结垢			
	轴承温度高			
	润滑油压力下降			
吸收解吸	加热蒸汽中断	实物装置 + 仿真操作	8min	
	长时间停电			
	贫液进吸收塔泵坏			
	解吸塔塔底再沸器结垢严重			
	冷却水中断			
离心压缩机	长时间停电	实物装置 + 仿真操作	8min	
	冷却水中断			
	润滑油油压低			
	复水器液位高			
合成气压缩机（特定单元）	长时间停电	实物装置 + 仿真操作	8min	二选一
	真空系统液位高			
	油冷器出口油温高			
	冷却水压力低			
合成氨反应系统（特定单元）	原料中断	实物装置 + 仿真操作	8min	
	冷却水中断			
	原料气分离器高液位联锁			
4. 科目四：作业现场应急处置		考试方式	考试时长	考题选择
离心泵	离心泵机械密封泄漏着火	仿真操作	15min	五选二
	离心泵出口法兰泄漏，有人中毒			
	离心泵出口流量控制阀前法兰泄漏着火			
	离心泵出口法兰泄漏着火			
换热器	冷物料泵出口法兰泄漏着火	仿真操作	15min	
	换热器热物料出口法兰泄漏着火			
	换热器热物料出口法兰泄漏，有人中毒			

前言

为配合特种作业人员安全生产资格考试的培训和考核，我们以《特种作业人员安全技术培训考核管理规定（国家安全生产监督管理总局令第30号）》《安全生产资格考试与证书管理暂行办法》《特种作业安全技术实际操作考试标准（试行）》《特种作业安全技术实际操作考试点设备配备标准（试行）》等相关规定与标准文件为依据，编写了特种作业（危险化学品）考试装置操作培训教程。教程中包含了《特种作业安全技术实际操作考试标准（试行）》中的16种危险化学品工艺安全作业。

本书主要内容包括合成氨工艺考试装置中的离心泵、换热器、往复压缩机、吸收解吸、离心压缩机、合成气压缩机、合成氨反应系统共七个装置单元的操作原理及东方仿真3D软件操作方法，重点结合考核与培训实施方案讲解了各个装置的作业现场安全隐患排除以及作业现场应急处置相关操作说明。书中配备了多种教学资源，包括指导手册、教学视频、单元装置微课等，以二维码的形式融于相关知识介绍中，可用手机扫描查看。资源以文档、视频等形式，将相关知识形象化、具体化，可帮助学员更好地学习与记忆。

本书由上海信息技术学校和北京东方仿真集团合作编写，上海信息技术学校的高志新、戚焕震主编，上海应用技术大学化学与环境工程学院的陈桂娥主审。具体工作分工为：模块一考核实施方案部分由上海信息技术学校的戚焕震编写；模块二由上海信息技术学校的高志新、戚焕震、王兆东共同编写并完成仿真微课视频的录制工作。上海信息技术学校的王文永、王维维、谭若兰在录制仿真微课的过程中也参与了策划、录制、剪辑等工作。北京东方仿真集团HSE项目团队负责现场装置视频录制工作。

本书在编写过程中，得到了上海安全生产科学研究所和化学工业出版社有限公司的大力支持，在此表示感谢。

本书适合合成氨工艺等危险化学品生产从业人员培训使用，也适合课程涉及化工仿真3D软件的相关教学使用。

由于合成氨工艺涉及面较广，本实训教程只结合考核方案进行编写，不足之处在所难免，恳请广大读者批评指正。

编　者

2022年7月

目录

模块一
合成氨工艺作业考核实施方案   001

模块二
单元装置技能操作   004

项目一   通用仿真软件使用方法   004
    任务一   学员登录介绍   004
    任务二   软件使用介绍   005
项目二   装置单元操作   015
    任务一   完成离心泵单元操作   015
    任务二   完成换热器单元操作   024
    任务三   完成往复压缩机单元操作   033
    任务四   完成吸收解吸单元操作   043
    任务五   完成离心压缩机单元操作   057
    任务六   完成合成气压缩机单元操作   075
    任务七   完成合成氨反应单元操作   094

参考文献   108

续表

4.科目四：作业现场应急处置		考试方式	考试时长	考题选择
往复压缩机	压缩机出口法兰泄漏着火	仿真操作	15min	五选二
	压缩机出口法兰泄漏，有人中毒			
	压缩机出口压力控制阀后阀法兰泄漏，有人中毒			
吸收解吸	吸收剂进吸收塔控制阀前法兰泄漏着火	仿真操作	15min	
	原料进吸收塔法兰泄漏着火			
	原料进吸收塔法兰泄漏，有人中毒			
离心压缩机	压缩机出口法兰泄漏着火	仿真操作	15min	
	压缩机段间法兰泄漏着火			
	压缩机动力蒸汽泄漏			
合成气压缩机（特定单元）	压缩机透平蒸汽泄漏，有人受伤	仿真操作	15min	二选一
	压缩机出口法兰泄漏着火			
	压缩机出口法兰泄漏中毒			
合成氨反应系统（特定单元）	合成气压缩机出口法兰泄漏着火	仿真操作	15min	
	产品罐入口法兰泄漏伤人			
	合成塔顶换热器热水出口法兰泄漏伤人			

模块二

单元装置技能操作

项目一　通用仿真软件使用方法

任务一　学员登录介绍

学员可在考核系统的学员登录界面利用分配好的个人账号和密码登录专用仿真考试平台，进行培训、模拟考试以及科目三或科目四的正式考试。

学员登录界面及系统界面如图 2-1 和图 2-2 所示。

图 2-1　登录界面

图 2-2　系统界面

任务二　软件使用介绍

　　通用单元和特定单元仿真模拟软件采用虚拟现实（3D）技术和流程模拟仿真技术开发，通过 3D 场景建模，搭建逼真的实际生产装置场景，利用虚拟人机交互规则，配置虚拟人物角色。如二维码视频所示，学员可操作虚拟人物在三维场景进行各种现场操作，包括开关阀门，开关机泵，查看仪表，操作各种安全设施如消防水炮、消防栓、灭火器材、防护器材等进行工艺现场隐患处置和安全应急处理。

　　仿真模拟软件后台的工艺物流变化采用国际上先进的流程模拟仿真技术开发，利用成熟的工艺单元（设备）模型库和丰富的物性数据库，通过序贯模块法和联立方程法搭建动态工艺数学模型，模拟装置工艺生产和控制系统。动态工艺数学模型能够逼真地展现工艺事故过程中工艺参数的变化、安全事故对工艺参数的影响，培训和考核学员对工艺事故和安全事故的处置能力。

一、虚拟生产场景

　　根据生产装置现场的物理环境（图 2-3、图 2-4）、现场设备以及管线仪表等设施的物理属性（包括外观、尺寸、颜色、位置、管线及连接关系等）建立其 3D 模型（图 2-5），如阀室、加热炉、换热器、分离罐、贮罐、塔、反应器、仪表等。该 3D 模型也包括操作过程中的物理现象，如设备运行状态（图 2-6、图 2-7）、排液、排气、泄漏、着火、冒烟等。

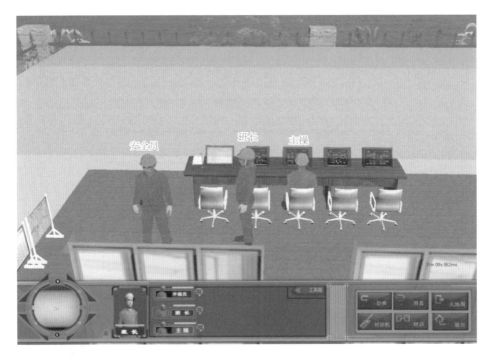

图 2-3　室内操作环境

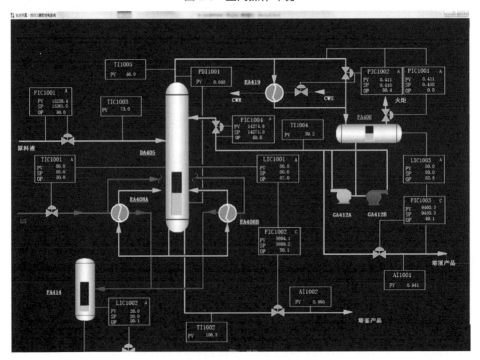

图 2-4　室内电脑 DCS 界面

图 2-5　室外操作 3D 模型

图 2-6　压缩机运行状态

(a) (b)

图 2-7　虚拟现场设备、管线及仪表

二、虚拟角色操作

根据净化装置操作人员的物理属性（包括人员外貌、着装、生物属性等）建立其 3D 模型，包括行为动作规则（图 2-8），如在 3D 模型场景中进行的阀门、机泵等操作行为；同时建立多人操作交互规则、多人同机操作时的行为规范。

图 2-8　虚拟人物及交互式操作

三、虚拟事故

通过最直观和逼真的视觉与听觉感受，能模拟出因破损程度、介质压力、风速风向等因素不同而导致的火焰高度、幅度、扩散方向和区域等变化（图 2-9 ～图 2-11）。

图 2-9　虚拟加热炉现场事故场景

图 2-10　虚拟室外离心泵现场事故场景

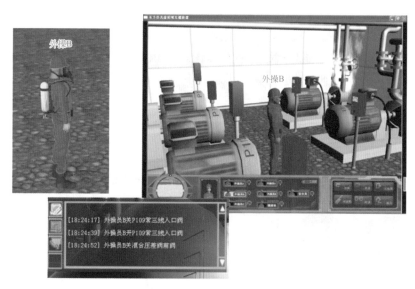

图 2-11　虚拟室内离心泵着火现场事故场景

四、应急处置

　　在虚拟的三维立体视觉和听觉空间内，按装置应急预案进行应急处置，包括对于工具的使用和设备的操作，如图 2-12 为消防炮操作、图 2-13 为灭火器操作。

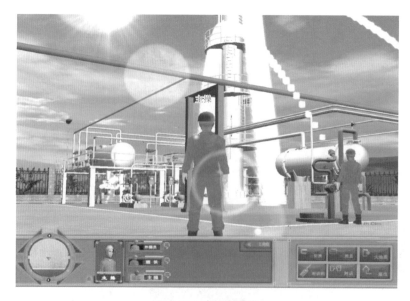

图 2-12　消防炮操作

图 2-13　灭火器操作

五、考核评分系统

仿真模拟软件内嵌有考核评分系统。考核评分系统能够实时监控学员的每一步操作是否符合规范，并能对学员的完成情况自动进行打分（图 2-14）。

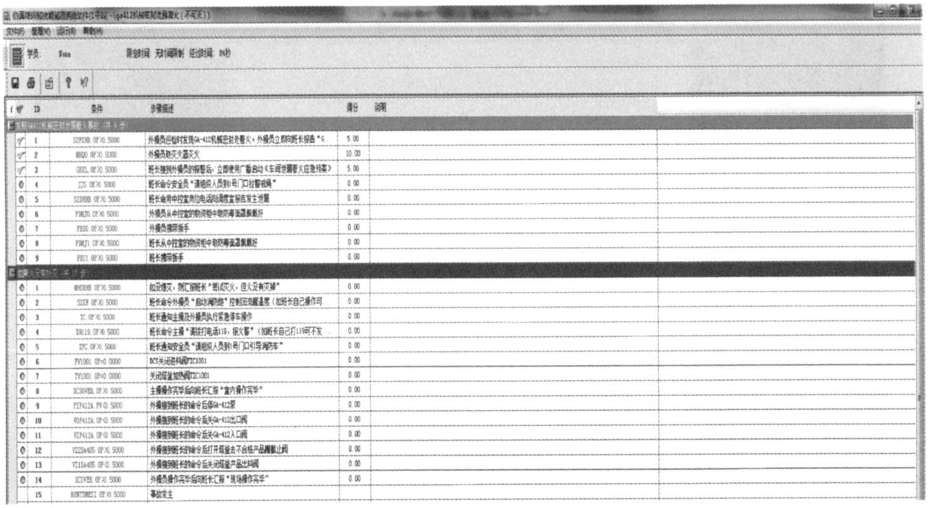

图 2-14　考核评分系统

六、　操作帮助功能和在线指导功能

1.操作帮助功能

为了方便操作，软件提供"系统帮助""操作帮助""工艺帮助"几类帮助信息。

"系统帮助"（图2-15与图2-16）为系统使用帮助，帮助学员学习如何使用软件。

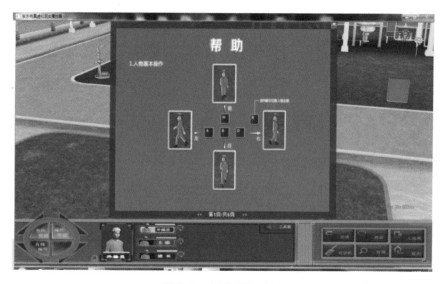

图2-15　系统帮助（1）

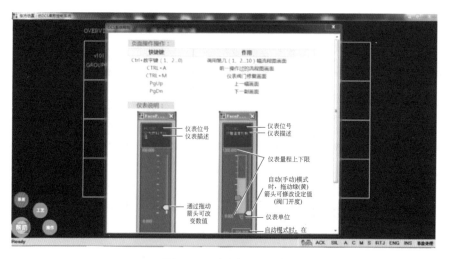

图2-16　系统帮助（2）

　　"操作帮助"（图 2-17 与图 2-18）指导学员学习当前训练题目需要如何操作。

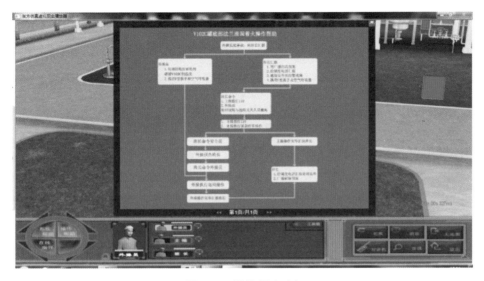

图 2-17　操作帮助（1）

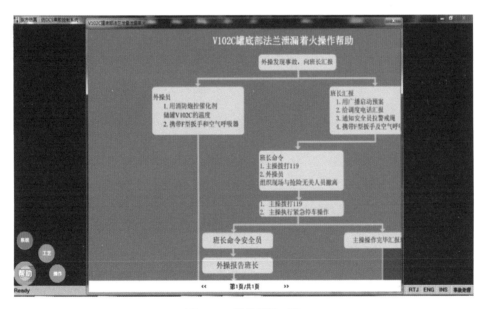

图 2-18　操作帮助（2）

　　"工艺帮助"（图 2-19）提示本项目所涉及的流程简介、设备列表、仪表列表、复杂控制、联锁说明等信息。

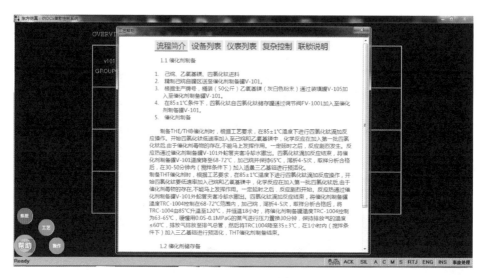

图 2-19　工艺帮助

"操作帮助"和"工艺帮助"可根据需要在管理端进行开关。

2. 在线指导

系统根据当前训练题目和学员操作状况实时提醒当前可操作内容（图 2-20）。

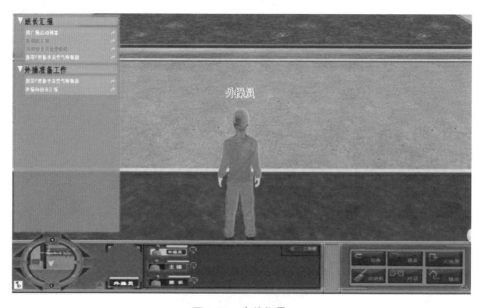

图 2-20　在线指导

在线指导可根据需要在管理端进行开关，也就是说可以控制学员端是否显示操作指导信息。

项目二　装置单元操作

离心泵、换热器、往复压缩机、吸收解吸、离心压缩机、合成气压缩机、合成氨反应等单元装置（表 2-1）在正常运行中存在诸多安全隐患，如不及时排除，可能影响产品质量，甚至发生危险事故。

在科目三任务中根据单元装置的特性设置了诸多常见安全隐患，需及时进行排查，并根据现象判断隐患类型，选择合适的处理方式，降低事故风险。

安全生产重于泰山，在科目四任务中模拟了正常生产过程中可能会发生的诸多安全事故，需要班长、操作员等多角色配合进行事故处置，考察学员应对突发事件的快速反应、应急指挥处置能力等。根据事故现象，进行及时处置，可减少事故发生带来的人员伤亡和财产损失。

表 2-1　各装置单元所属模块

序号	任务名称	所属模块
1	离心泵单元	通用单元
2	换热器单元	通用单元
3	往复压缩机单元	通用单元
4	吸收解吸单元	通用单元
5	离心压缩机单元	通用单元
6	合成气压缩机单元	特定单元
7	合成氨反应单元	特定单元

注：参照考核标准，以东方仿真软件为例进行操作讲解。

任务一　完成离心泵单元操作

一、工艺内容简介

1. 工作原理

离心泵一般由电动机带动。启动前须在离心泵的壳体内充满被输送的液体。当电动机通过联轴器带动叶轮高速旋转时，液体受到叶片的推力同时旋转；由于离心力的作用，液体从叶轮中心

扫一扫看视频

离心泵介绍

被甩向叶轮外沿，以高速流入泵壳；当液体到达蜗形通道后，由于截面积逐渐扩大，大部分动能变成静压能，于是液体以较高的压力送至所需的地方。当叶轮中心的液体被甩出后，泵壳吸入口形成了一定的真空，在压差的作用下，其他液体经吸入管被吸入泵壳内，填补被排出液体的位置。

离心泵的操作中有两种现象是应该避免的，即气缚和汽蚀。"气缚"是指在启动泵之前没有灌满被输送液体或在运转过程渗入了空气，因气体的密度远小于液体，产生的离心力小，无法把空气甩出去，导致叶轮中心所形成的真空度不足以将液体吸入泵内；尽管此时叶轮在不停地旋转，却由于离心泵失去了自吸能力而无法输送液体。"汽蚀"指的是当贮槽液面上的压力一定时，如叶轮中心的压力降低到被输送液体当前温度下的饱和蒸气压，叶轮进口处的液体会出现大量的气泡，这些气泡随液体进入高压区后又迅速被压碎而凝结，致使气泡所在空间形成真空，周围液体质点以极大速度冲向气泡中心，造成冲击点上有瞬间局部冲击压力，从而使叶轮等部分很快损坏；同时伴有泵体振动，并发出噪声，泵的流量、扬程和效率明显下降。

2. 流程说明

来自界区的 40℃带压液体经控制阀 LV1001 进入贮槽 D101，D101 的压力由控制阀 PIC1001 分程控制在 0.5MPa（G）。当压力高于 0.5MPa（G）时，控制阀 PV1001B 打开泄压；当压力低于 0.5MPa（G）时，控制阀 PV1001A 打开充压。D101 的液位由控制阀 LIC1001 控制进料量维持在 50%，贮槽内液体经离心泵 P101A/B 送至界区外，泵出口流量由控制阀 FIC1001 控制在 20000kg/h。

3. 工艺卡片

离心泵单元工艺参数卡片如表 2-2 所示。

表 2-2　离心泵单元工艺参数卡片

名称	项目	单位	指标
原料进装置	流量	kg/h	20000
	压力（PIC1001）	MPa（G）	0.5
原料出装置	流量（FIC1001）	kg/h	20000
	压力（PI1003）	MPa（G）	1.5

4. 设备列表

离心泵单元设备列表如表 2-3 所示。

表 2-3　离心泵单元设备列表

位号	名称	位号	名称	位号	名称
D101	原料罐	P101A	原料泵	P101B	备用泵

5. 仪表列表

离心泵单元 DCS 仪表列表如表 2-4 所示。

表 2-4　离心泵单元 DCS 仪表列表

点名	单位	正常值	控制范围	描述
FIC1001	kg/h	20000	16000 ～ 24000	出料流量控制
PIC1001	MPa（G）	0.5	0.4 ～ 0.6	D101 压力控制
PI1003	MPa（G）	1.5	1.2 ～ 1.8	P101A 出口处压力
PI1005	MPa（G）	1.5	1.2 ～ 1.8	P101B 出口处压力
LIC1001	%	50	40 ～ 60	D101 液位控制

6. 现场阀列表

离心泵单元现场阀列表如表 2-5 所示。

表 2-5　离心泵单元现场阀列表

现场阀位号	描述	现场阀位号	描述
FV1001I	流量控制阀 FV1001 前阀	VX1D101	D101 的排液阀
FV1001O	流量控制阀 FV1001 后阀	VI1P101A	泵 P101A 入口阀
FV1001B	流量控制阀 FV1001 旁路阀	VX1P101A	泵 P101A 泄液阀
PV1001AI	压力控制阀 PV1001A 前阀	VX3P101A	泵 P101A 排气阀
PV1001AO	压力控制阀 PV1001A 后阀	VO1P101A	泵 P101A 出口阀
PV1001AB	压力控制阀 PV1001A 旁路阀	VI1P101B	泵 P101B 入口阀
PV1001BI	压力控制阀 PV1001B 前阀	VX1P101B	泵 P101B 泄液阀
PV1001BO	压力控制阀 PV1001B 后阀	VX3P101B	泵 P101B 排气阀
PV1001BB	压力控制阀 PV1001B 旁路阀	VO1P101B	泵 P101B 出口阀
LV1001I	液位控制阀 LV1001 前阀	SPVD101I	原料罐安全阀前阀
LV1001O	液位控制阀 LV1001 后阀	SPVD101O	原料罐安全阀后阀
LV1001B	液位控制阀 LV1001 旁路阀	SPVD101B	原料罐安全阀旁路阀

7. 离心泵仿真 PID 图

离心泵仿真 PID 图如图 2-21 所示。

8. 离心泵 DCS 图

离心泵 DCS 图如图 2-22 所示。

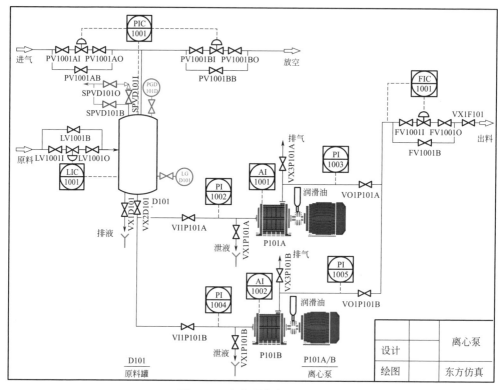

图 2-21　离心泵仿真 PID 图

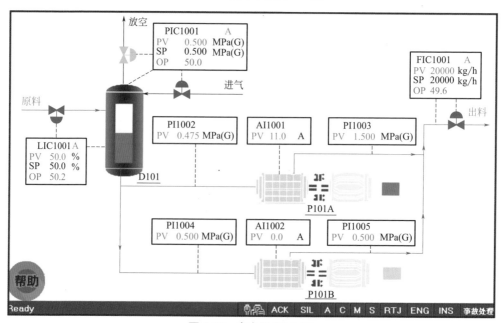

图 2-22　离心泵 DCS 图

二、 作业现场安全隐患排除——仿真与实物

1. 长时间停电

事故原因：装置停电。

事故现象：泵 P101A 停转，出口压力迅速下降，流量迅速下降。

处理原则：关闭出料流量控制阀与液位控制阀，维持系统压力稳定。

具体步骤：

（1）关闭原料泵出口阀 VO1P101A。

（2）出料流量控制阀 FIC1001 改为手动。

（3）关闭出料流量控制阀前后手阀及 FIC1001。

（4）液位控制阀 LIC1001 改为手动。

（5）关闭液位控制阀前后手阀及 LIC1001。

（6）维持系统压力在正常范围（0～100%）内。

扫一扫看视频

离心泵作业现场安全隐患排除

2. 原料泵坏

事故原因：P101A 故障。

事故现象：P101A 泵停，出口压力下降。

处理原则：切换备用泵。

具体步骤：

（1）启动备用泵 P101B。

（2）打开备用泵出口阀 VO1P101B。

（3）关闭原料泵出口阀 VO1P101A。

（4）关闭原料泵入口阀 VI1P101A。

（5）打开原料泵泄液阀 VX1P101A。

（6）控制备用泵出口压力 PI1005 至正常值 1.5 MPa（G）。

（7）控制泵出口流量 FIC1001 至正常值 20000 kg/h。

（8）控制原料罐液位 LIC1001 在正常范围（0～100%）内。

3. 原料泵抽空

事故原因：原料泵抽空。

事故现象：泵 P101A 输送能力下降，出口压力下降。

处理原则：对事故泵进行排气操作，排除气缚并调节各参数。

具体步骤：

（1）打开事故泵排气阀 VX3P101A。

（2）排气完毕，关闭事故泵排气阀 VX3P101A。

（3）控制事故泵入口压力 PI1002 至正常值。

（4）控制事故泵出口压力 PI1003 至正常值 1.5 MPa（G）。

（5）控制原料罐压力 PIC1001 至正常值 0.5 MPa（G）。

4. 入口管线堵

事故原因：P101A 入口管线堵。

事故现象：泵 P101A 后压力下降。

处理原则：切换备用泵。

具体步骤：

（1）启动备用泵 P101B。

（2）打开备用泵出口阀 VO1P101B。

（3）关闭事故泵出口阀 VO1P101A。

（4）停事故泵 P101A。

（5）关闭事故泵入口阀 VI1P101A。

（6）控制备用泵入口压力 PI1004 至正常值。

（7）控制备用泵出口压力 PI1005 至正常值 1.5 MPa（G）。

（8）控制泵出口流量 FIC1001 至正常值 20000 kg/h。

（9）控制原料罐液位 LIC1001 在正常范围（0 ～ 100%）内。

5. 出料流量控制阀卡

事故原因：控制阀 FV1001 卡。

事故现象：DCS 界面显示出料流量（FIC1001）迅速降低。

处理原则：切换旁路阀。

具体步骤：

（1）打开出料流量控制阀旁路阀 FV1001B。

（2）关闭出料流量控制阀前阀 FV1001I。

（3）关闭出料流量控制阀后阀 FV1001O。

（4）调节流量达到正常值 20000 kg/h。

三、作业现场应急处置——仿真

扫一扫看视频

离心泵作业现场应急处置

1. 离心泵机械密封处泄漏着火

作业状态：离心泵 P101A 运转正常，各工艺指标操作正常。

事故描述：离心泵机械密封处泄漏着火。

应急处理程序：

注：下列命令和报告除特殊标明外，都是用对讲机来进行传递。

（1）外操员正在巡检，当行走到原料泵 P101A 时发现机械密封处泄漏着火。外操员立即向班长报告"原料泵 P101A 机械密封处泄漏着火"。

（2）班长接到外操员的报警后，立即使用广播启动《车间泄漏着火应急预案》；然后命令安全员"请组织人员到门口拉警戒绳"；接着用中控室岗位电话向调度室报告发生泄漏着火（电话号码：12345678；电话内容："原料泵 P101A 机械密封处泄漏着火，已启动应急预案"）。

（3）外操员返回中控室取出空气呼吸器佩戴好，并携带 F 型扳手迅速去事故现场。

（4）班长从中控室中取出空气呼吸器佩戴好，并携带 F 型扳手迅速去事故现场。

（5）安全员收到班长的命令后，从中控室的工具柜中取出空气呼吸器佩戴好，携带警戒绳，去 1 号大门口。到达后立即拉警戒绳（自动完成）。

（6）班长通知主操"请拨打电话 119，报火警"；主操报火警"泵房内离心泵机械密封处苯泄漏着火，火势较大，无法控制，请派消防车灭火，报警人张三"；班长通知安全员"请组织人员到 1 号门口引导消防车"。

（7）安全员听到班长的命令后，打开消防通道，引导消防车进入事故现场（自动完成）。

（8）班长通知主操及外操员"执行紧急停车操作"。

（9）外操接到班长的命令后执行相应操作：

停事故泵 P101A 电源；

关闭原料罐底现场阀 VX2D101；

关闭流量控制阀前阀 FV1001I；

通知主操"事故泵 P101A 已停止运转"；

向班长汇报"现场操作完毕"。

（10）主操听到班长通知后，点击 DCS 进行相应操作：

关闭系统进料控制阀 LIC1001；

待现场停泵 P101A 后关闭产品送出阀 FIC1001；

向班长汇报"室内操作完毕"。

（11）待所有操作完成后，班长向调度汇报"事故处理完毕，请派维修人员进行维修"。

（12）班长用广播宣布"解除事故应急预案"，整个事故处理结束。

2. 离心泵出口法兰泄漏着火

作业状态：当前离心泵运转正常，各工艺指标操作正常。

事故描述：离心泵出口法兰泄漏着火。

应急处理程序：

注：下列命令和报告除特殊标明外，都是用对讲机来进行传递。

（1）外操员正在巡检，当行走到原料泵 P101A 时看到离心泵出口法兰泄漏着火。外操员立即向班长报告"原料泵 P101A 出口法兰泄漏着火"。

（2）班长接到外操员的报警后，立即使用广播启动《车间泄漏着火应急预案》；然后命令安全员"请组织人员到门口拉警戒绳"；接着用中控室岗位电话向调度室报告发生泄漏着火（电话号码：12345678；电话内容："泵 P101A 出口法兰泄漏着火，已启动应急预案"）。

（3）外操员返回中控室取出空气呼吸器佩戴好，并携带 F 型扳手迅速去事故现场。

（4）班长从中控室中取出空气呼吸器佩戴好，并携带 F 型扳手迅速去事故现场。

（5）安全员收到班长的命令后，从中控室的工具柜中取出空气呼吸器佩戴好，携带警戒绳，去 1 号大门口。到达后立即拉警戒绳（自动完成）。

（6）班长通知主操"请拨打电话 119，报火警"；主操报火警"泵房内离心泵出口法兰处苯泄漏着火，火势较大，无法控制，请派消防车灭火，报警人张三"；班长通知安全员"请组织人员到 1 号门口引导消防车"。

（7）安全员听到班长的命令后，打开消防通道，引导消防车进入事故现场（自动完成）。

（8）班长通知主操及外操员"执行紧急停车操作"。

（9）外操接到班长的命令后执行相应操作：

停事故泵 P101A 电源；

关闭原料罐底现场阀 VX2D101；

关闭出料流量控制阀前阀 FV1001I；

通知主操"事故泵 P101A 已停止运转"；

向班长汇报"现场操作完毕"。

（10）主操听到班长通知后，点击 DCS 进行相应操作：

关闭系统进料控制阀 LIC1001；

待现场停泵后关闭产品送出阀 FIC1001；

向班长汇报"室内操作完毕"。

（11）待所有操作完成后，班长向调度汇报"事故处理完毕，请派维修人员进行维修"。

（12）班长用广播宣布"解除事故应急预案"，整个事故处理结束。

3. 离心泵出口法兰泄漏有人中毒

作业状态：当前离心泵运转正常，各工艺指标操作正常。

事故描述：离心泵出口法兰泄漏，有一工人中毒晕倒在地。

应急处理程序：

注：下列命令和报告除特殊标明外，都是用对讲机来进行传递。

（1）外操员正在巡检，当行走进泵房时发现原料泵 P101A 附近有一工人中毒晕倒在地。外操员立即向班长报告"原料泵 P101A 附近有一工人中毒晕倒在地"。

（2）班长接到外操员的报警后，立即使用广播启动《车间泄漏中毒应急预案》；然后命令安全员"请组织人员到门口拉警戒绳"；接着用中控室岗位电话向调度室报告发生泄漏（电话号码：12345678；电话内容："原料泵 P101A 处泄漏，有一工人中毒晕倒在地，已启动应急预案"）。

（3）外操员返回中控室取出空气呼吸器佩戴好，并携带 F 型扳手迅速去事故现场。

（4）班长从中控室中取出空气呼吸器佩戴好，并携带 F 型扳手迅速去事故现场。

（5）安全员收到班长的命令后，从中控室的工具柜中取出空气呼吸器佩戴好，携带警戒绳，去1号大门口。到达后立即拉警戒绳（自动完成）。

（6）班长带领外操员到达现场，将中毒人员抬出泵房。班长通知主操"请打电话120叫救护车"。

（7）主操向120呼救（电话内容："泵房内离心泵出口法兰处苯泄漏，有人中毒昏迷不醒，请派救护车，拨打人张三"）。

（8）班长通知安全员引导救护车。

（9）救护车到来，将中毒工人救走（自动完成）。

（10）班长命令外操"关停事故泵P101A，启动备用泵P101B，并将事故泵P101A倒空"，并命令主操"监视装置生产状况"。

（11）外操员关停事故泵P101A电源；对备用泵P101B盘车，启动备用泵P101B，打开其出口阀VO1P101B；备用泵P101B启动运转正常后，关闭事故泵P101A后阀VO1P101A、前阀VI1P101A；向班长汇报"现场操作完毕"。

（12）主操向班长汇报"装置运行正常"。

（13）待所有操作完成后，班长向调度汇报"事故处理完毕，请派维修人员进行维修"。

（14）班长用广播宣布"解除事故应急预案"，整个事故处理结束。

4. 出料流量控制阀前法兰泄漏着火

作业状态：当前离心泵运转正常，各工艺指标操作正常。

事故描述：出料流量控制阀FIC1001前法兰泄漏着火。

应急处理程序：

注：下列命令和报告除特殊标明外，都是用对讲机来进行传递。

（1）外操员正在巡检，当行走至泵房时，看到出料流量控制阀FIC1001前法兰处泄漏着火。外操员立即向班长报告"出料流量控制阀FIC1001前法兰处泄漏着火"。

（2）班长接到外操员的报警后，立即使用广播启动《车间泄漏着火应急预案》；然后命令安全员"请组织人员到门口拉警戒绳"；接着用中控室岗位电话向调度室报告发生泄漏着火（电话号码：12345678；电话内容："出料流量控制阀FIC1001前法兰泄漏着火，已启动应急预案"）。

（3）外操员返回中控室取出空气呼吸器佩戴好，并携带F型扳手迅速去事故现场。

（4）班长从中控室中取出空气呼吸器佩戴好，并携带F型扳手迅速去事故现场。

（5）安全员收到班长的命令后，从中控室的工具柜中取出空气呼吸器佩戴好，携带警戒绳，去1号大门口。到达后立即拉警戒绳（自动完成）。

（6）班长通知主操"请拨打电话119，报火警"；主操报火警"泵房内出料流量控制阀前法兰处苯泄漏着火，火势较大，无法控制，请派消防车灭火，报警人张三"；班长通知安全员"请组织人员到1号门口引导消防车"。

（7）安全员听到班长的命令后，打开消防通道，引导消防车进入事故现场（自动完成）。

（8）班长通知主操及外操员"执行紧急停车操作"。

（9）外操接到班长的命令后执行相应操作：

停原料泵 P101A 电源；

关闭原料泵出口阀 VO1P101A；

关闭去下游装置现场阀 VX1F101；

向班长汇报"现场操作完毕"。

（10）主操听到班长通知后，点击 DCS 进行相应操作：

关闭系统进料控制阀 LIC1001；

待现场停泵后关闭产品送出阀 FIC1001；

向班长汇报"室内操作完毕"。

（11）待所有操作完成后，班长向调度汇报"事故处理完毕，请派维修人员进行维修"。

（12）班长用广播宣布"解除事故应急预案"，整个事故处理结束。

任务二　完成换热器单元操作

一、工艺内容简介

1. 工作原理

扫一扫看视频

换热器介绍

本单元选用的是双程列管式换热器，冷物流被加热后有相变化。

在对流传热中，传递的热量除与传热推动力（温度差）有关外，还与传热面积和传热系数成正比。传热面积减少时，传热量减少；如果间壁上有气膜或垢层，都会降低传热系数，减少传热量。所以，开车时要排不凝气；发生管堵或严重结垢时，必须停车检修或清洗。

另外，考虑到金属的热胀冷缩特性，尽量减小温差应力和局部过热等问题，开车时应先进冷物料后进热物料；停车时则先停热物料后停冷物料。

2. 流程说明

冷物料（92℃）进入本单元，经泵 P101A/B，由控制阀 FIC1001 控制流量送入换热器 E101 壳程，加热到 142℃（20% 被汽化）后，经阀 VI2E101 出系统。热物料（225℃）进入系统，经泵 P102A/B，由温度控制阀 TIC1001 分程控制主线控制阀 TV1001A 和副线控制阀 TV1001B（两控制阀的分程动作如图 2-23 所示）送入换热器与冷物料换热，使冷物料出口温度稳定；过主线阀 TV1001A 的热物料经换热器 E101 管程后，与副线阀 TV1001B 来的热物料混合［混合温度为（177±2）℃］，由阀 VI4E101 出本单元。

3. 工艺卡片

换热器单元工艺参数卡片如表 2-6 所示。

4. 设备列表

换热器单元设备列表如表 2-7 所示。

表 2-6　换热器单元工艺参数卡片

物流	项目及位号	正常指标	单位
冷物流进装置	流量（FIC1001）	19200	kg/h
	温度（TI1001）	92	℃
热物流进装置	流量（FI1001）	10000	kg/h
	温度（TI1003）	225	℃
冷物流出装置	温度（TI1002）	142	℃
热物流出装置	温度（TI1004）	129	℃

表 2-7　换热器单元设备列表

设备位号	设备名称	设备位号	设备名称	设备位号	设备名称
P101A/B	冷物流进料泵	P102A/B	热物流进料泵	E101	列管式换热器

5. 仪表列表

换热器单元 DCS 仪表列表如表 2-8 所示。

表 2-8　换热器单元 DCS 仪表列表

序号	位号	单位	正常值	控制范围	描述
1	FIC1001	kg/h	19200	19100～19300	E101 冷物流流量控制
2	FI1001	kg/h	10000	9900～10100	热物流主线流量显示
3	FI1002	kg/h	10000	9900～10100	热物流副线流量显示
4	PI1001	MPa（G）	0.8	0.3～1.3	P101A/B 出口压力显示
5	PI1002	MPa（G）	0.9	0.4～1.4	P102A/B 出口压力显示
6	TIC1001	℃	177	167～187	热物流出口温度控制
7	TI1001	℃	92	82～102	冷物流入口温度显示
8	TI1002	℃	142	132～152	冷物流出口温度显示
9	TI1003	℃	225	215～235	热物流入口温度显示
10	TI1004	℃	129	119～139	热物流出口温度显示

6. 现场阀列表

换热器单元现场阀列表如表 2-9 所示。

表 2-9　换热器单元现场阀列表

位号	描述	位号	描述
FV1001I	FV1001 前手阀	P102AI	P102A 前阀
FV1001O	FV1001 后手阀	P102AO	P102A 后阀
FV1001B	FV1001 旁路阀	P102BI	P102B 前阀
TV1001AI	TV1001A 前手阀	P102BO	P102B 后阀
TV1001AO	TV1001A 后手阀	VX1E101	E101 壳程排气阀
TV1001AB	TV1001A 旁路阀	VX2E101	E101 管程排气阀
TV1001BI	TV1001B 前手阀	VI1E101	冷物流进料阀
TV1001BO	TV1001B 后手阀	VI2E101	冷物流出口阀
TV1001BB	TV1001B 旁路阀	LPY	E101 壳程泄液阀
P101AI	P101A 前阀	VI3E101	E101 壳程导淋阀
P101AO	P101A 后阀	VI4E101	热物流出口阀
P101BI	P101B 前阀	RPY	E101 管程泄液阀
P101BO	P101B 后阀	VI5E101	E101 管程导淋阀

7. 换热器仿真 PID 图

换热器仿真 PID 图如图 2-23 所示。

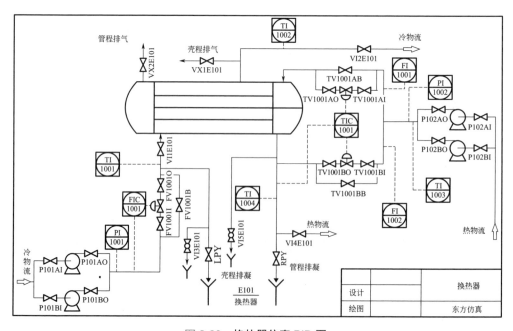

图 2-23　换热器仿真 PID 图

8. 换热器 DCS 图

换热器 DCS 图如图 2-24 所示。

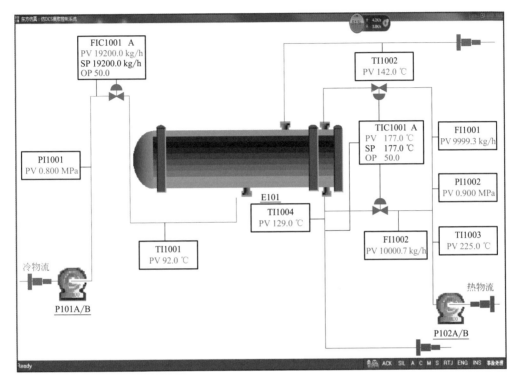

图 2-24　换热器 DCS 图

二、作业现场安全隐患排除——仿真与实物

1. 换热器结垢

事故原因：换热器结垢严重。

事故现象：冷物流出口温度降低，热物流出口温度升高。

处理原则：停冷热物流泵及进料，并对换热器管程和壳程进行排凝操作。

具体步骤：

停热物流泵 P102A：

（1）关闭热物流进料泵 P102A 后阀 P102AO；

（2）关闭热物流进料泵 P102A。

停热物流进料：

（1）当热物流进料泵 P102A 出口压力降到 0.01MPa 时，关闭

扫一扫看视频

换热器作业
现场安全
隐患排除

热物流进料泵 P102A 入口阀 P102AI；

（2）关闭热物流进料控制阀 TIC1001；

（3）关闭换热器 E101 热物流出口阀 VI4E101。

换热器 E101 管程排凝：

（1）全开换热器 E101 管程排气阀 VX2E101；

（2）打开管程泄液阀 RPY；

（3）打开管程导淋阀 VI5E101，确认管程中的液体是否排净；

（4）如果管程中的液体排净，关闭管程泄液阀 RPY 及其导淋阀 VI5E101；

（5）确定管程中的液体排净后，关闭管程排气阀 VX2E101。

停冷物流泵 P101A：

（1）关闭冷物流进料泵 P101A 后阀 P101AO；

（2）关闭冷物流进料泵 P101A。

停冷物流进料：

（1）当冷物流进料泵出口压力小于 0.01MPa 时，关闭冷物流进料泵前阀 P101AI；

（2）关闭冷物流进料控制阀 FIC1001；

（3）关闭冷物流进换热器 E101 进料阀 VI1E101；

（4）关闭换热器冷物流出口阀 VI2E101。

换热器 E101 壳程排凝：

（1）全开壳程排气阀 VX1E101；

（2）打开壳程泄液阀 LPY；

（3）打开 E101 壳程导淋阀 VI3E101，确认壳程中的液体是否排净；

（4）如果壳程中的液体排净，关闭壳程泄液阀 LPY；

（5）确定壳程中的液体排净后，关闭排气阀 VX1E101。

2. 热物流泵坏

事故原因：泵 P102A 故障。

事故现象：泵 P102A 出口压力骤降，冷物流出口温度下降。

处理原则：切换备用泵。

具体步骤：

（1）切换为备用泵 P102B。

（2）打开备用泵 P102B 的后手阀 P102BO。

（3）调整各工艺参数至正常范围，维持正常生产：

调节泵 P101A 出口压力 PI1001 为 0.8MPa（G）；

调节泵 P102A 出口压力 PI1002 为 0.9MPa（G）；

调节热物流主线流量 FI1001 为 10000kg/h；

调节热物流副线流量 FI1002 为 10000kg/h；

调节冷物流流量 FIC1001 为 19200kg/h；

调节热物流出口温度 TIC1001 为 177℃；

调节冷物流入口温度 TI1001 为 92℃；

调节冷物流出口温度 TI1002 为 142℃；

调节热物流入口温度 TI1003 为 225℃；

调节热物流出口温度 TI1004 为 129℃。

3. 冷物流泵坏

事故原因：泵 P101A 故障。

事故现象：泵 P101A 出口压力骤降，FIC1001 流量指示值减少。

处理原则：切换备用泵。

具体步骤：

（1）切换为备用泵 P101B。

（2）打开备用泵 P101B 的后手阀 P101BO。

（3）调整各工艺参数至正常范围，维持正常生产：

调节泵 P101A 出口压力 PI1001 为 0.8MPa（G）；

调节泵 P102A 出口压力 PI1002 为 0.9MPa（G）；

调节热物流主线流量 FI1001 为 10000kg/h；

调节热物流副线流量 FI1002 为 10000kg/h；

调节冷物流流量 FIC1001 为 19200kg/h；

调节热物流出口温度 TIC1001 为 177℃；

调节冷物流入口温度 TI1001 为 92℃；

调节冷物流出口温度 TI1002 为 142℃；

调节热物流入口温度 TI1003 为 225℃；

调节热物流出口温度 TI1004 为 129℃。

4. 长时间停电

事故原因：装置停电。

事故现象：所有泵停止工作，冷、热物流压力骤降。

处理原则：关闭冷热物流进料泵出口阀。

具体步骤：

（1）关闭冷物流进料泵出口阀 P101AO。

（2）关闭热物流进料泵出口阀 P102AO。

5. 冷物料中断

事故原因：冷物料突然中断。

事故现象：冷物料流量降为零。

处理原则：停用冷热物流泵。

具体步骤：

（1）关闭热物流进料泵出口阀 P102AO。

（2）停热物流进料泵 P102A。

（3）关闭冷物流进料泵出口阀 P101AO。

（4）停冷物流进料泵 P101A。

三、作业现场应急处置——仿真

1. 冷物流泵出口法兰泄漏着火

扫一扫看视频

换热器作业现场应急处置

作业状态：换热器各工艺指标操作正常。

事故描述：冷物流泵出口法兰泄漏着火。

应急处理程序：

注：下列命令和报告除特殊标明外，都是用对讲机来进行传递。

（1）外操员正在巡检，当行走到换热器 E101 时，看到换热器冷物流泵出口法兰处泄漏着火。外操员立即向班长报告"换热器冷物流泵 P101A 出口法兰处泄漏着火"。

（2）外操员快速取灭火器站在上风口对准着火点进行喷射灭火。

（3）班长接到外操员的报警后，立即使用广播启动《车间泄漏着火应急预案》。

（4）班长用中控室电话向调度室报告"换热器冷物流泵 P101A 出口法兰处泄漏着火，已启动应急预案"。

（5）班长命令安全员"请组织人员到 1 号门口拉警戒绳"。

（6）外操员和班长从中控室的工具柜中取出正压式空气呼吸器佩戴好，并携带 F 型扳手迅速去事故现场。

>> 如果火无法熄灭（需要紧急停车）：

（1）外操员向班长汇报"尝试灭火，但火没有灭掉"。

（2）班长命令主操"请拨打电话 119，报火警"（如班长自己拨打 119 可不发此命令。电话内容："换热器冷物流泵 P101A 出口法兰处发生火灾，有可燃物泄漏并着火，请派消防车来，张三报警"）。

（3）班长命令安全员"请组织人员到 1 号门口引导消防车"。

（4）班长命令主操及外操员"执行紧急停车操作"：

主操将热物流进料控制阀 TIC1001 切至手动；

主操将热物流进料控制阀 TIC1001 关闭；

主操关闭冷物流进料控制阀 FIC1001；

主操操作完毕后向班长汇报"室内操作完毕"；

外操员停冷物流泵 P101A；

外操员关闭冷物流入口阀 VI1E101；

外操员关闭冷物流出口阀 VI2E101；

外操员关闭热物流泵 P102A 的出口阀 P102AO；

外操员停热物流泵 P102A；

外操员关闭换热器热物流出口阀 VI4E101；

待火扑灭且泄漏消除之后，外操员向班长汇报"现场操作完毕"。

（5）待所有操作完成后，班长向调度汇报"事故处理完毕"。

（6）班长用广播宣布"解除事故应急预案"。

2. 换热器热物流出口法兰泄漏着火

作业状态：换热器各工艺指标操作正常。

事故描述：热物流出口法兰处着火。

应急处理程序：

注：下列命令和报告除特殊标明外，都是用对讲机来进行传递。

（1）外操正在巡检，当行走到 E101 时看到换热器热物流出口法兰处泄漏着火，马上向班长报告"换热器 E101 热物流出口法兰处泄漏着火"。

（2）外操快速取灭火器站在上风口对准着火点进行喷射灭火。

（3）班长接到外操的报警后，立即使用广播启动《车间泄漏着火应急预案》。

（4）班长用中控室电话向调度室报告"换热器 E101 热物流出口法兰处泄漏着火，已启动应急预案"。

（5）班长命令安全员"请组织人员到 1 号门口拉警戒绳"。

（6）外操和班长从中控室的工具柜中取出正压式空气呼吸器佩戴好，并携带 F 型扳手迅速去事故现场。

>> 如果火无法熄灭（需要紧急停车）：

（1）外操向班长汇报"尝试灭火，但火没有灭掉"。

（2）班长命令主操"请拨打电话 119，报火警"（如班长自己拨打 119 可不发此命令。电话内容："换热器 E101 热物流出口法兰处发生火灾，有可燃物泄漏并着火，请派消防车来，张三报警"）。

（3）班长命令安全员"请组织人员到 1 号门口引导消防车"。

（4）班长命令主操及外操员"执行紧急停车操作"：

主操将热物流控制阀 TIC1001 切至手动；

主操将热物流控制阀 TIC1001 关闭；

主操关闭冷物流进料控制阀 FIC1001 停止进料；

主操操作完毕后向班长汇报"室内操作完毕"；

外操员关闭热物流进料泵的出口阀 P102AO；

外操员停热物流进料泵 P102A；

外操员关闭热物流出口阀 VI4E101；

外操员关闭冷物流进料泵的出口阀 P101AO；

外操员停冷物流进料泵 P101A；

外操员关闭冷物流出口阀 VI2E101；

外操员关闭冷物流入口阀 VI1E101；

外操操作完毕后向班长报告"现场操作完毕"。

（5）待所有操作完成后，班长向调度汇报"事故处理完毕"。

（6）班长用广播宣布"解除事故应急预案"。

3. 换热器热物流出口法兰泄漏有人中毒

作业状态：换热器各工艺指标操作正常。

事故描述：换热器热物流出口法兰泄漏，有人中毒昏倒。

应急处理程序：

注：下列命令和报告除特殊标明外，都是用对讲机来进行传递。

（1）外操巡检时，看到换热器 E101 热物流出口泄漏并有一职工昏倒在地，马上向班长报告"换热器 E101 热物流出口法兰处泄漏，有一职工昏倒在地"。

（2）外操从中控室中取出正压式空气呼吸器佩戴好并携带 F 型扳手。

（3）班长接到外操报警后，立即使用广播启动《车间危险化学品泄漏应急预案》。

（4）班长命令安全员"请组织人员到门口拉警戒绳"。

（5）班长用中控室电话向调度室报告"换热器 E101 热物流出口法兰处泄漏，有一职工昏倒在地，已启动应急预案"。

（6）班长命令外操"立即去事故现场"。

（7）班长从中控室的工具柜中取出正压式空气呼吸器佩戴好，并携带 F 型扳手到达现场，和外操员对受伤人员进行救护。

（8）班长或主操给 120 打电话"换热器 E101 热物流出口法兰处泄漏，有人中毒受伤，请派救护车，拨打人张三"。

（9）班长命令安全员"请组织人员到 1 号门口引导救护车"。

（10）班长通知主操"请监视装置生产状况"。

（11）班长命令主操及外操员"执行紧急停车操作"：

主操关闭冷物流进料控制阀 FIC1001 停止进料；

外操员关闭热物流进料泵的出口阀 P102AO；

外操员关闭热物流进料泵 P102A；

外操员关闭热物流出口阀 VI4E101；

外操员全开管程排气阀 VX2E101；

外操员打开管程泄液阀 RPY；

外操员打开 E101 管程导淋阀 VI5E101，检查换热器管程内的液体是否排净；

外操员确认换热器管程内的液体排净后，关闭管程泄液阀 RPY；

外操员关闭冷物流进料泵的出口阀 P101AO；

外操员关闭冷物流进料泵 P101A；

外操员关闭冷物流出口阀 VI2E101；

外操员关闭冷物流入口阀 VI1E101；

外操员全开壳程排气阀 VX1E101；

外操员打开壳程泄液阀 LPY；

外操员打开 E101 壳程导淋阀 VI3E101，检查壳程内的液体是否排净；

外操员确认壳程中的液体排净后，关闭壳程泄液阀 LPY；

外操操作完毕后向班长汇报"现场操作完毕"；

主操操作完毕后向班长汇报"室内操作完毕"。

（12）所有操作完成后，班长向调度汇报"事故处理完毕"。

（13）班长用广播宣布"解除事故应急预案"。

任务三　完成往复压缩机单元操作

一、工艺内容简介

1. 工作原理

往复压缩机的工作原理简单来说就是由于活塞在气缸内的来回运动与气阀相应的开闭动作相配合，使缸内气体依次实现膨胀、吸气、压缩、排气四个过程，不断循环，将低压气体升压而源源输出。压缩机在石油炼制、天然气加工、输送等行业主要作为升压设备得以广泛地应用。

扫一扫看视频

往复压缩机介绍

2. 流程说明

被压缩气体自界区经入口阀进入压缩机吸入管线。吸入气体一路进入压缩气缸 C1，另一路进气缸 C2。两路气体经压缩排出汇合后输出。

润滑油由润滑油泵 P201A/B 连续不断地从主油箱 D201 中抽出，一部分作为回流，经过压力控制阀 PIC2001 回到油箱，另一部分经过油冷却器 E202 进行冷却后进入 S201A/B。

润滑油经过滤器 S201A/B 过滤后，再进入压缩机轴承和联轴器内，最后返回到油箱 D201，形成润滑油循环回路，持续给压缩机的轴承和联轴器润滑。

3. 工艺卡片

往复压缩机单元工艺参数卡片如表 2-10 所示。

表 2-10　往复压缩机单元工艺参数卡片

项目	单位	正常值	控制指标
吸气量	m³/h	15000	14500 ～ 15500
排气量	m³/h	15000	14500 ～ 15500
压缩机入口温度	℃	20.0	19.0 ～ 21.0
压缩机出口温度	℃	100.0	99.0 ～ 101.0
压缩机入口压力	MPa	0.1	0.05 ～ 0.15
压缩机出口压力	MPa	1.3	1.25 ～ 1.35
转速	r/min	500	495 ～ 505
功率	kW	1000	995 ～ 1005
冲程	mm	200	195 ～ 205
效率	%	85	80 ～ 90

4. 设备列表

往复压缩机单元设备列表如表 2-11 所示。

表 2-11　往复压缩机单元设备列表

设备编号	设备名称	设备编号	设备名称
C101	电动往复压缩机	M101	压缩机电动机
D201	主油箱	P201A/B	油泵
E201	主油箱加热器	S201A/B	润滑油过滤器
E202A/B	油箱出口冷却器（泵后）	E101	压缩机返回线冷却器

5. 仪表列表

往复压缩机单元仪表列表如表 2-12 所示。

表 2-12　往复压缩机单元仪表列表

仪表号	说明	单位	正常值	量程
AI1001	压缩机电动机电流	A	5263	0 ～ 10000

续表

仪表号	说明	单位	正常值	量程
FI1001	压缩机出口流量	m³/h	15000	0～20000
LI2001	主油箱液位	%	50	0～100
PDI2005	压缩机前后密封油压差	MPa（G）	0.05	0～0.1
PI1001	压缩机入口压力	MPa（G）	0.1	0～0.2
PI2002	换热器出口压力	MPa（G）	1.05	0～2.0
PI2003	油过滤器出口压力	MPa（G）	1.0	0～2.0
PIC2001	油泵出口压力控制	MPa（G）	1.1	0～2.0
PIC1002	压缩机出口压力控制	MPa（G）	1.3	0～2.0
TI1001	压缩机入口温度	℃	20	0～100
TI1002	压缩机出口温度	℃	100	0～200
TI1003	压缩机轴承温度	℃	60	0～100
TI2001	主油箱温度	℃	60	0～100
TI2002	油冷却器出口温度	℃	45	0～100
TI2003	压缩机出口润滑油温度	℃	70	0～100

6. 现场阀列表

往复压缩机单元现场阀列表如表2-13所示。

表2-13　往复压缩机单元现场阀列表

阀门位号	描述	阀门位号	描述
VX1C101	原料入口总阀	PV2001O	压力控制PIC2001出口阀
VX2C101	压缩机入口排液阀	PV2001B	压力控制PIC2001旁路阀
VX3C101	压缩机支路入口阀	E202AI	油冷却器E202A入口阀
VX4C101	压缩机支路入口阀	E202AO	油冷却器E202A出口阀
VX6C101	压缩机出口阀	E202BI	油冷却器E202B入口阀
VX7C101	压缩机出口排凝阀	E202BO	油冷却器E202B出口阀
SPV101B	压缩机出口安全阀的旁路阀	VX1E202	油冷却器E202A冷却水入口阀

续表

阀门位号	描述	阀门位号	描述
SPV101	压缩机出口安全阀	VX2E202	油冷却器 E202B 冷却水入口阀
SPV101I	压缩机出口安全阀前阀	VI1E202	油冷却器 E202A 冷却水出口阀
SPV101O	压缩机出口安全阀后阀	VI2E202	油冷却器 E202B 冷却水出口阀
VX1E101	压缩机返回线冷却器	PV1002I	压力控制 PIC1002 入口阀
VX1D201	主油箱充油阀	PV1002O	压力控制 PIC1002 出口阀
VX2D201	主油箱排液阀	PV1002B	压力控制 PIC1002 旁路阀
P201AI	油泵 P201A 入口阀	C101S	压缩机启动 / 停机按钮
P201AO	油泵 P201A 出口阀	YSJFW	压缩机复位按钮
P201BI	油泵 P201B 入口阀	YSJTC	压缩机紧急停车按钮
P201BO	油泵 P201B 出口阀	YSJLS	联锁投用 / 解除按钮
PV2001I	压力控制 PIC2001 入口阀	TSSL	压缩机负荷调节

7. 往复压缩机仿真 PID 图

往复压缩机仿真 PID 图如图 2-25、图 2-26 所示。

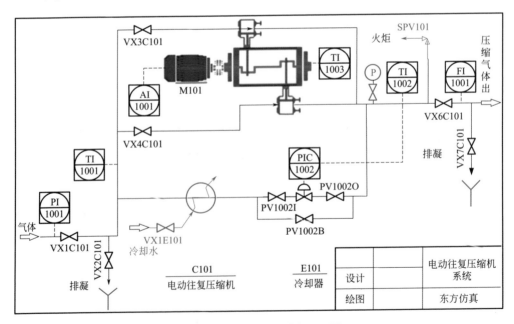

图 2-25　往复压缩机系统 PID 图

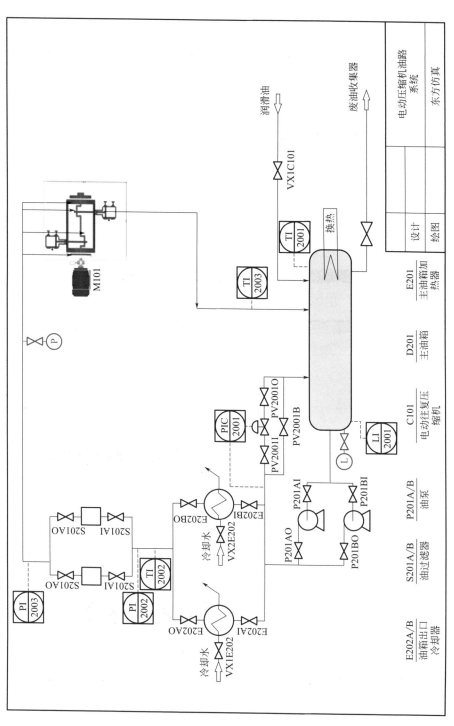

图 2-26 往复压缩机油路系统 PID 图

8. 往复压缩机 DCS 图

往复压缩机 DCS 图如图 2-27、图 2-28 所示。

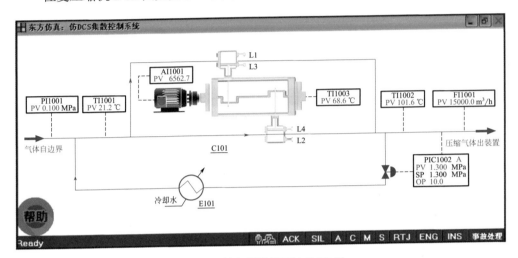

图 2-27　往复压缩机系统 DCS 图

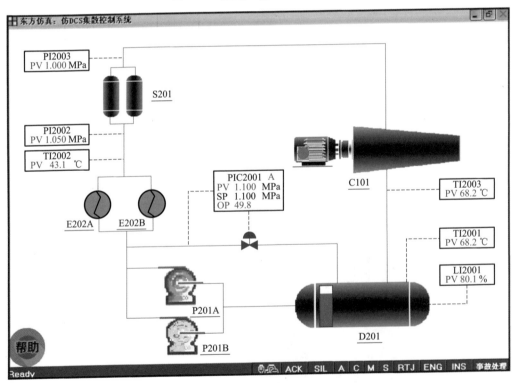

图 2-28　往复压缩机油路系统 DCS 图

二、作业现场安全隐患排除——仿真与实物

1. 长时间停电

事故原因：装置停电。

事故现象：压缩机停，油泵停。

处理原则：压缩机降负荷。

具体步骤：

（1）将压缩机 C101 负荷降为零。

（2）关闭压缩机出口压力控制阀 PIC1002。

2. 冷却水中断

事故原因：冷却水中断。

事故现象：润滑油温度（TI2002）过高，压缩机自动联锁停车。

处理原则：压缩机降负荷。

具体步骤：

（1）将压缩机 C101 负荷降为零。

（2）关闭压缩机出口压力控制阀 PIC1002。

3. 润滑油冷却器结垢

事故原因：换热器结垢。

事故现象：润滑油温度升高。

处理原则：切换备用冷却器。

具体步骤：

（1）现场打开备用冷却器冷却水出口阀 VI2E202。

（2）现场打开备用冷却器冷却水入口阀 VX2E202。

（3）现场缓慢打开备用冷却器油路入口阀 E202BI，开度依次为 5%、10%、20%。

（4）现场打开备用冷却器油路出口阀 E202BO。

（5）现场关闭坏冷却器油路入口阀 E202AI。

（6）现场关闭坏冷却器油路出口阀 E202AO。

（7）现场关闭坏冷却器冷却水入口阀 VX1E202。

4. 轴承温度高

事故原因：换热器结垢。

事故现象：轴承温度大于 65℃ 报警。

处理原则：切换备用冷却器。

具体步骤：

（1）现场打开备用冷却器冷却水出口阀 VI2E202。

（2）现场打开备用冷却器冷却水入口阀 VX2E202。

扫一扫看视频

往复压缩机作业现场安全隐患排除

（3）现场缓慢打开备用冷却器油路入口阀 E202BI，开度依次为 5%、10%、20%。

（4）现场打开备用冷却器油路出口阀 E202BO。

（5）现场关闭坏冷却器油路入口阀 E202AI。

（6）现场关闭坏冷却器油路出口阀 E202AO。

（7）现场关闭坏冷却器冷却水入口阀 VX1E202。

5. 润滑油压力下降

事故原因：润滑油泵坏。

事故现象：润滑油压力下降。

处理原则：切换备用泵。

具体步骤：

（1）启动备用泵 P201B。

（2）调整润滑油管路压力 PIC2001 至正常。

（3）关闭事故泵 P201A。

（4）关闭事故泵入口阀 P201AI。

（5）关闭事故泵出口阀 P201AO。

三、作业现场应急处置——仿真

1. 往复压缩机出口法兰泄漏着火

扫一扫看视频

往复压缩机作业现场应急处置

作业状态：当前往复压缩机运转正常，各工艺指标操作正常。

事故描述：往复压缩机出口法兰泄漏着火。

应急处理程序：

注：下列命令和报告除特殊标明外，都是用对讲机来进行传递。

（1）外操员正在巡检，当行走到 C101 时看到往复压缩机出口法兰泄漏着火。外操员立即向班长报告"往复压缩机出口法兰泄漏着火"。

（2）班长接到外操员的报警后，立即使用广播启动《往复压缩机出口法兰泄漏着火应急预案》；然后命令安全员"请组织人员到 1 号门口拉警戒绳"；接着用中控室岗位电话向调度室报告（电话号码：12345678；电话内容："往复压缩机出口法兰泄漏着火，已启动应急预案"）。

（3）外操员返回中控室取出空气呼吸器佩戴好，并携带 F 型扳手迅速去事故现场。

（4）班长从中控室中取出空气呼吸器佩戴好，并携带 F 型扳手迅速去事故现场。

（5）安全员收到班长的命令后，从中控室的工具柜中取出正压式空气呼吸器佩戴好，携带警戒绳，去 1 号大门口。到达后立即拉警戒绳（自动完成）。

（6）班长命令主操"请拨打电话119，报火警"，主操报火警"往复压缩机出口法兰氢气泄漏着火，火势无法控制，请派消防车，报警人张三"。班长命令安全员"请组织人员到1号门口引导消防车"。

（7）安全员接到班长的命令后，打开消防通道，引导消防车进入事故现场（自动完成）。

（8）班长命令主操及外操员"执行紧急停车操作"。

（9）主操接到班长的命令后，在中控室辅操台上操作：

按紧急停车按钮；

将联锁按钮ON打到OFF。

（10）主操操作完毕后向班长汇报"室内操作完毕"。

（11）外操员接到班长的命令后执行相应操作：

负荷手轮调至0%；

关闭压缩机吸入总阀VX1C101；

关闭压缩机出口阀VX6C101。

（12）外操员操作完毕后向班长汇报"现场操作完毕"。

（13）待所有操作完成后，班长向调度汇报"事故处理完毕，请派维修人员进行维修"。

（14）班长用广播宣布"解除事故应急预案"。

2.往复压缩机出口法兰泄漏有人中毒

作业状态：当前往复压缩机运转正常，各工艺指标操作正常。

事故描述：往复压缩机出口法兰泄漏，有人中毒晕倒。

应急处理程序：

注：下列命令和报告除特殊标明外，都是用对讲机来进行传递。

（1）外操员正在巡检，当行走到往复压缩机附近时看到有一工人晕倒在地。外操员立即向班长报告"往复压缩机出口法兰泄漏，有人中毒晕倒"。

（2）班长接到外操员的报警后，立即使用广播启动《C101往复压缩机出口法兰泄漏中毒应急预案》；然后命令安全员"请组织人员到1号门口拉警戒绳"；接着用中控室岗位电话向调度室报告（电话号码：12345678；电话内容："往复压缩机出口法兰泄漏，有人中毒晕倒，已启动应急预案"）。

（3）外操员返回中控室取出空气呼吸器佩戴好并，携带F型扳手迅速去事故现场。

（4）班长从中控室中取出空气呼吸器佩戴好，并携带F型扳手迅速去事故现场。

（5）安全员收到班长的命令后，从中控室的工具柜中取出空气呼吸器佩戴好，携带警戒绳，去1号大门口。到达后立即拉警戒绳（自动完成）。

（6）班长和外操员到达现场，首先将晕倒人员抬离现场。

（7）班长命令主操"打电话120叫救护车"。

（8）主操打电话120呼叫救护车"往复压缩机单元氢气泄漏，有人晕倒在地昏迷不醒，请派救护车，拨打人张三"。

（9）此时救护车来到现场（自动完成）。

（10）班长命令安全员"引导救护车"。

（11）安全员收到班长的命令后，在装置入口处引导救护车（自动完成）。

（12）救护车将中毒人员救走（自动完成）。

（13）班长命令主操及外操员"执行紧急停车操作"。

（14）外操员接到班长的命令后执行相应操作：

降低压缩机负荷，手轮调至 0%；

关闭压缩机吸入总阀 VX1C101；

关闭压缩机出口阀 VX6C101。

（15）外操员操作完毕后向班长汇报"现场操作完毕"。

（16）主操接到班长的命令后，在辅操台操作：

按紧急停车按钮；

将联锁按钮 ON 打到 OFF。

（17）主操操作完毕后向班长汇报"室内操作完毕"。

（18）待所有操作完成后，班长向调度汇报"事故处理完毕，请派维修人员进行维修"。

（19）班长用广播宣布"解除事故应急预案"。

3.往复压缩机出口压力控制阀后阀法兰泄漏有人中毒

作业状态：当前往复压缩机运转正常，各工艺指标操作正常。

事故描述：压缩机出口压力控制阀后阀法兰泄漏，有人中毒倒地。

应急处理程序：

注：下列命令和报告除特殊标明外，都是用对讲机来进行传递。

（1）外操员正在巡检，当行走到往复压缩机附近时看到有一工人晕倒在地。外操员立即向班长报告"往复压缩机出口压力控制阀后阀法兰泄漏，有人中毒晕倒"。

（2）班长接到外操员的报警后，立即使用广播启动《往复压缩机出口压力控制阀后阀法兰泄漏中毒应急预案》；然后命令安全员"请组织人员到 1 号门口拉警戒绳"；接着用中控室岗位电话向调度室报告（电话号码：12345678；电话内容："往复压缩机出口压力控制阀后阀法兰泄漏，有人中毒晕倒，已启动应急预案"）。

（3）外操员返回中控室取出空气呼吸器佩戴好，并携带 F 型扳手迅速去事故现场。

（4）班长从中控室中取出空气呼吸器佩戴好，并携带 F 型扳手迅速去事故现场。

（5）安全员收到班长的命令后，从中控室的工具柜中取出空气呼吸器佩戴好，携带警戒绳，去 1 号大门口。到达后立即拉警戒绳（自动完成）。

（6）班长和外操员到达现场，首先将晕倒人员抬离现场。

（7）班长命令主操"打电话 120 叫救护车"。

（8）主操打电话 120 呼叫救护车"往复压缩机单元氢气泄漏，有人晕倒在地昏迷不醒，请派救护车，拨打人张三"。

（9）此时救护车来到现场（自动完成）。

（10）班长命令安全员"引导救护车"。

（11）安全员收到班长的命令后，在装置入口处引导救护车（自动完成）。

（12）救护车将中毒人员救走（自动完成）。

（13）班长命令主操及外操员"执行紧急停车操作"。

（14）外操员接到班长的命令后执行相应操作：

降低压缩机负荷，手轮调至 0 %；

关闭压缩机吸入总阀 VX1C101；

关闭压缩机出口阀 VX6C101。

（15）外操员操作完毕后向班长汇报"现场操作完毕"。

（16）主操接到班长的命令后，在辅操台操作：

按紧急停车按钮；

将联锁按钮 ON 打到 OFF。

（17）主操在 DCS 上关闭出口压力控制阀 PIC1002。

（18）主操操作完毕后向班长汇报"室内操作完毕"。

（19）待所有操作完成后，班长向调度汇报"事故处理完毕，请派维修人员进行维修"。

（20）班长用广播宣布"解除事故应急预案"。

任务四　完成吸收解吸单元操作

一、工艺内容简介

1. 工作原理

吸收解吸是化工生产过程中用于分离提取混合气体组分的单元操作，与蒸馏操作一样属于气 - 液两相操作，目的是分离均相混合物。吸收是利用气体混合物中各组分在液体吸收剂中的溶解度不同来分离气体混合物的过程。能够溶解的组分称为溶质或吸收质，要进行分离的混合气体富含溶质称为富气，反之则称为贫气，也叫惰性气或载体。含溶质的吸收剂称为富液，反之则称为贫液。

当吸收剂与气体混合物接触时，溶质便向液相转移，直至液

扫一扫看视频

吸收解吸单元介绍

相中溶质达到饱和，浓度不再增加为止，这种状态称为相平衡。这种状态下气相中的溶质分压称为平衡分压，吸收过程进行的方向与限度取决于溶质在气液两相中的平衡关系。当溶质在气相中的实际分压高于平衡分压时，溶质由气相向液相转移，此过程为吸收；反之为解吸，是吸收过程的逆过程。提高压力，降低温度有利于溶质吸收；降低压力，提高温度有利于溶质解吸。

2. 流程说明

本训练单元用 C_6 油分离提纯混合富气中的 C_4 组分，流程分为吸收和解吸两部分，每部分都有独立的仿真 DCS 图和现场图。

吸收系统：来自界区外的原料气（富气，其中组分 C_4 占 25.13%，CO 和 CO_2 占 6.26%，N_2 占 64.58%，H_2 占 3.5%，O_2 占 0.53%）由 FV1001 控制流量从吸收塔 T101 底部进入，与自上而下的贫油（C_6）逆相接触。将原料气中的 C_4 组分吸收下来后，将富油（C_4 占 8.2%，C_6 占 91.8%）液位 LIC1001 和塔底出料流量 FIC1004 形成串级控制。未吸收的气体由 T101 塔顶排出，经吸收塔塔顶冷凝器 E101 被 -4℃的盐水冷却至 2℃，进入气液分离罐 D102 回收被冷凝下来的 C_6 油和 C_4 组分；凝液与吸收塔塔釜富油一起进入解吸塔，不凝气在 PIC1003 控制下保持 D102 的压力为 1.2MPa（G），其余通过放空总管排入大气。

贫油由 C_6 油贮罐 D101 经泵 P101A/B 打入吸收塔，其流量由 FIC1003 控制（13.5t/h）。C_6 油贮罐中的贫油少数由界区提供，大多数是来自解吸塔系统的循环油。

解吸系统：由吸收塔塔釜和气液分离罐回收的富油经贫富油热交换器 E103 换热升温后进入解吸塔 T102 进行解吸分离。塔顶出来的是 C_4 产品（C_4 组分占 66.7%），经冷凝器 E104 全部冷凝至 40℃，凝液送入集液罐 D103，经泵 P102A/B 一部分作回流至解吸塔顶部，流量由 FIC1006 控制（8.0t/h）；另一部分作产品出装置，由 LIC1005 控制。解吸塔塔釜的 C_6 油（C_6 占 98.8%）流量由 LIC1004 控制，经贫富油热交换器 E103、盐水冷却器 E102 冷却降温至 5℃返回 D101 循环使用。返回油的温度由 TIC1003 通过调节循环冷却盐水量来控制。解吸塔塔釜有再沸器 E105，利用蒸汽进行加热，再沸器的温度由 TIC1007 和 FIC1008 串级调节蒸汽流量（3.0t/h）来控制。解吸塔的压力（0.5MPa）由 PIC1005 调节塔顶冷凝器冷却水流量来控制；当压力超高时，由 PIC1004 调节 D103 放空量来控制。随着生产的进行，要定期排放气液分离罐 D102 的液体，补充新鲜的 C_6 油进入贮罐。另外，为保证系统中的操作稳定，操作时要保持系统之间的压力差。

3. 工艺卡片

吸收解吸单元工艺参数卡片如表 2-14、表 2-15 所示。

表 2-14　吸收塔 T101 工艺参数卡片

设备	名称	指标	单位
吸收塔	富气进料 FIC1001	5005	kg/h
	贫油进装置 FIC1003	13500	kg/h
	贫油进装置 TIC1003	5	℃
	塔顶 PI1001	1.25	MPa（G）
	塔顶 TI1001	6.2	℃
	塔釜 PI1002	1.25	MPa（G）
	塔釜 TI1002	37.6	℃
	塔顶不凝气出装置 PIC1003	1.2	MPa（G）
	塔顶不凝气出装置 FI1002	3806	kg/h

表 2-15　解吸塔 T102 工艺参数卡片

设备	名称	指标	单位
解吸塔	富油进装置 FI1005	14650	kg/h
	富油进装置 TI1005	81	℃
	塔顶 TI1006	50	℃
	塔顶 PIC1004	0.5	MPa（G）
	塔顶回流 FIC1006	8000	kg/h
	塔釜 TIC1007	102	℃
	塔釜 PI1006	0.55	MPa（G）

4.设备列表

吸收解吸单元设备列表如表 2-16 所示。

表 2-16　吸收解吸单元设备列表

位号	名称	位号	名称
T101	吸收塔	E105	解吸塔塔釜再沸器
T102	解吸塔	D101	D101 贫油贮罐
E101	吸收塔塔顶冷凝器	D102	气液分离罐
E102	循环油冷却器	D103	解吸塔塔顶回流罐
E103	贫、富油换热器	P101A/B	贫油供给泵 / 备用泵
E104	解吸塔塔顶冷凝器	P102A/B	解吸塔塔顶回流泵 / 备用泵

5. 仪表列表

吸收解吸单元 DCS 仪表列表如表 2-17 所示。

表 2-17　吸收解吸单元 DCS 仪表列表

点名	描述	正常值	单位
PIC1003	D102 压力控制	1.2	MPa（G）
PIC1004	T102 塔顶压力控制	0.55	MPa（G）
PIC1005	D103 压力控制	0.50	MPa（G）
FIC1003	T101 吸收油进料流量控制	13500	kg/h
FIC1004	T101 塔釜出口流量控制	14700	kg/h
FIC1006	T102 回流流量控制	8000	kg/h
FIC1008	E105 加热蒸汽流量控制	3000	kg/h
LIC1001	T101 塔釜液位控制	50	%
LIC1004	T102 塔釜液位控制	50	%
LIC1005	D103 液位控制	50	%
TIC1003	E102 热物流出口温度控制	5	℃
TIC1007	T102 塔釜温度控制	102	℃
PI1001	T101 塔顶压力	1.22	MPa（G）
PI1002	T101 塔釜压力	1.25	MPa（G）
PI1006	T102 塔釜压力	0.55	MPa（G）
TI1001	T101 塔顶温度	6	℃
TI1002	T101 塔釜温度	40	℃
TI1004	D102 温度	2	℃
TI1005	预热后富油温度	80	℃
TI1006	T102 塔顶温度	51	℃
TI1008	D103 温度	40	℃
FIC1001	原料富气流量	5000	kg/h
FI1002	T101 塔顶不凝气流量	3800	kg/h
FI1005	进入 T102 不凝气流量	14700	kg/h
FI1007	循环贫油流量	13400	kg/h
LI1002	D101 液位	60	%
LI1003	D102 液位	50	%
AI1001	D103 C_4 组分含量	>95	%
AI1002	T101 塔顶 C_4 组分含量	1.5	%

6. 现场阀列表

吸收解吸单元现场阀列表如表 2-18 所示。

表 2-18　吸收解吸单元现场阀列表

现场阀位号	描述	现场阀位号	描述
V1T101	原料富气进料阀	PV1003I	控制阀 PV1003 前阀
V2T101	吸收段氮气冲压阀	PV1003O	控制阀 PV1003 后阀
FV1003B	控制阀 FV1003 旁路阀	TV1003I	控制阀 TV1003 前阀
V1E101	E101 冷却水阀	TV1003O	控制阀 TV1003 后阀
FV1004B	控制阀 FV1004 旁路阀	P101AI	泵 P101A 前阀
PV1003B	控制阀 PV1003 旁路阀	P101AO	泵 P101A 后阀
V1D102	气液分离罐 D102 分液阀	P101BI	泵 P101B 前阀
TV1003B	控制阀 TV1003 旁路阀	P101BO	泵 P101B 后阀
V1D101	C_6 油贮罐进料阀	LV1004I	控制阀 LV1004 前阀
V2D101	C_6 油贮罐泄液阀	LV1004O	控制阀 LV1004 后阀
V3T101	T101 泄液阀	FV1006I	控制阀 FV1006 前阀
LV1004B	控制阀 LV1004 旁路阀	FV1006O	控制阀 FV1006 后阀
FV1006B	控制阀 FV1006 旁路阀	PV1005I	控制阀 PV1005 前阀
PV1005B	控制阀 PV1005 旁路阀	PV1005O	控制阀 PV1005 后阀
PV1004B	控制阀 PV1004 旁路阀	PV1004I	控制阀 PV1004 前阀
LV1005B	控制阀 LV1005 旁路阀	PV1004O	控制阀 PV1004 后阀
FV1008B	控制阀 FV1008 旁路阀	LV1005I	控制阀 LV1005 前阀
V1T102	T102 泄液阀	LV1005O	控制阀 LV1005 后阀
V1D103	D103 泄液阀	FV1008I	控制阀 FV1008 前阀
V2T102	解吸段氮气冲压阀	FV1008O	控制阀 FV1008 后阀
V2D103	C_4 物料进料阀	P102AI	泵 P102A 前阀
FV1003I	控制阀 FV1003 前阀	P102AO	泵 P102A 后阀
FV1003O	控制阀 FV1003 后阀	P102BI	泵 P102B 前阀
FV1004I	控制阀 FV1004 前阀	P102BO	泵 P102B 后阀
FV1004O	控制阀 FV1004 后阀	VI1E101	E101 冷却水进水阀
VI1E104	E104 冷却水进水阀	VI1E102	E102 冷却水进水阀

7. 吸收解吸仿真 PID 图

吸收解吸单元仿真 PID 图如图 2-29、图 2-30 所示。

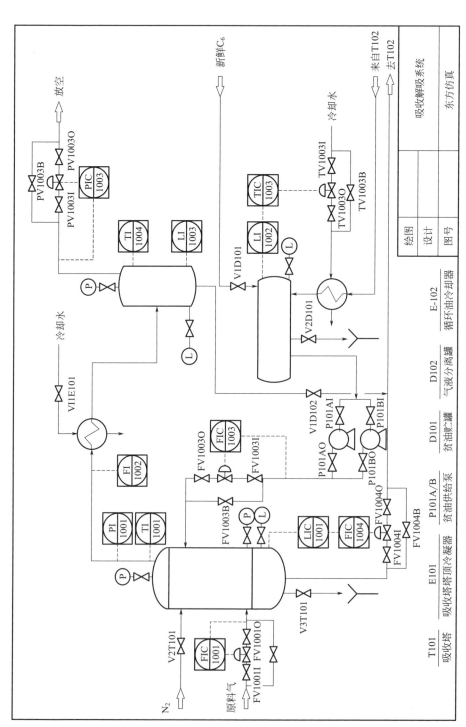

图 2-29　吸收塔仿真 PID 图

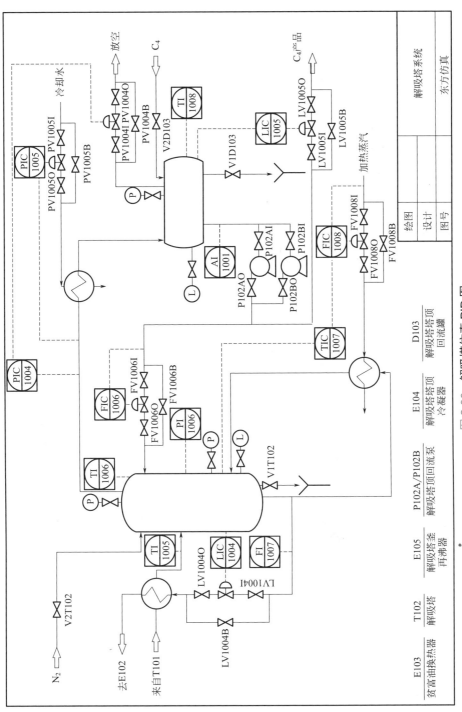

图 2-30 解吸塔仿真 PID 图

8. 吸收解吸 DCS 图

吸收解吸单元 DCS 图如图 2-31、图 2-32 所示。

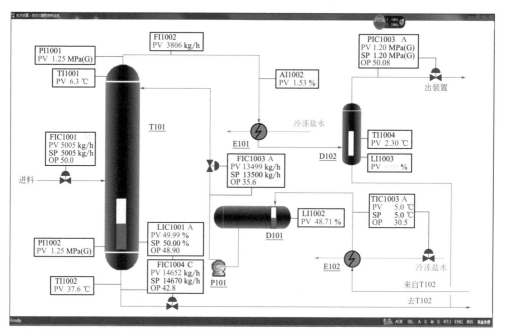

图 2-31　吸收塔 DCS 图

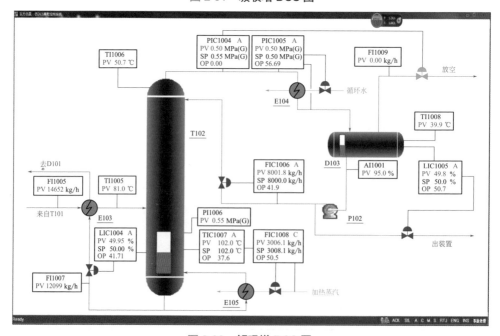

图 2-32　解吸塔 DCS 图

二、作业现场安全隐患排除——仿真与实物

1. 加热蒸汽中断

事故原因：加热蒸汽供应中断。

事故现象：解吸塔塔顶温度和压力降低，蒸汽流量为零。

处理原则：关闭相关加热阀、进料阀及采出阀，停采出泵。

具体步骤：

（1）关闭解吸塔塔釜加热阀 FV1008。

（2）关闭吸收塔 C_4 进料阀 FV1001。

（3）关闭 C_4 采出阀 LV1005。

（4）关闭 C_4 采出泵 P102A 出口阀 P102AO。

（5）停 C_4 采出泵 P102A。

（6）关闭解吸塔回流阀 FV1006。

扫一扫看视频

吸收解吸作业
现场安全隐患
排除

2. 长时间停电

事故原因：电厂发生故障。

事故现象：泵 P101 停，泵 P102 停。

处理原则：关闭相关进料阀及采出阀。

具体步骤：

（1）关闭解吸塔再沸器蒸汽控制阀 FV1008。

（2）将吸收塔原料进料阀 FV1001 切换为手动并关闭。

（3）将解吸塔塔顶回流罐液体采出阀 LV1005 切换为手动并关闭。

（4）关闭 C_6 油贮罐进料阀 V1D101。

（5）关闭吸收塔贫液进料泵出口阀 P101AO。

（6）关闭解吸塔塔顶回流泵出口阀 P102AO。

（7）将吸收塔贫液进料阀 FV1003 投为手动并关闭。

（8）将解吸塔回流控制阀 FV1006 投为手动并关闭。

（9）将吸收塔塔底采出阀 FV1004 投为手动并关闭。

（10）将解吸塔塔底采出阀 LV1004 投为手动并关闭。

（11）将贫液温度控制阀 TV1003 投为手动并关闭。

注意：D101 满罐扣分。

3. 贫液进吸收塔泵坏

事故原因：泵 P101A 发生故障。

事故现象：FIC1003 的流量为零，塔顶压力和温度上升，塔釜液位下降。

处理原则：切换备用泵。

具体步骤：

（1）迅速启动备用泵 P101B。

（2）打开泵 P101B 的出口阀 P101BO。

（3）维持 T101 塔釜液位 LIC1001 在 50%。

（4）维持 T101 塔顶温度 TI1001 在 6℃。

（5）维持 T101 塔釜温度 TI1002 在 40℃。

（6）维持 T101 塔顶压力 PI1001 在 1.2MPa（G）。

（7）维持 E102 换热器热物流出口温度 TIC1003 在 5℃。

（8）气液分离罐 D102 的压力 PIC1003 控制在 1.2MPa（G）。

4. 解吸塔塔底再沸器结垢严重

事故原因：再沸器 E105 严重结垢。

事故现象：

（1）控制阀 FV1008 开度自动增大；

（2）加热蒸汽入口流量增大；

（3）塔釜温度下降，塔顶温度下降，解吸塔塔釜液位上升。

处理原则：正常停车。

具体步骤：

按正常停车步骤停车，操作如下：

停吸收塔系统：

（1）关闭富气进料阀 FV1001。

（2）关闭 C$_4$ 采出阀 LV1005，停止 C$_4$ 产品出料。

（3）关闭 C$_4$ 采出阀的前阀 LV1005I。

（4）关闭 C$_4$ 采出阀的后阀 LV1005O。

（5）关闭新鲜溶剂补充阀 V1D101。

（6）关闭贫油供给泵的出口阀 P101AO。

（7）关闭贫油供给泵 P101A。

（8）全开吸收塔塔底采出阀 FV1004，开始泄油。

（9）当吸收塔的液位 LIC1001 降至 0% 时，依次关闭吸收塔塔底采出阀 FV1004 及其前阀 FV1004I、后阀 FV1004O。

（10）开气液分离罐 D102 的现场排凝阀 V1D102 进行排凝。

（11）关闭吸收塔塔顶冷凝器现场阀门 V1E101。

（12）全开吸收塔泄压阀 PV1003。

（13）泄压完毕之后关闭泄压阀 PV1003。

（14）全开解吸塔塔底采出阀 LV1004，将吸收塔中的油倒入贫油贮罐 D101。

（15）打开贫油贮罐 D101 的现场阀门 V2D101 进行泄油。

（16）当贫油贮罐 D101 的液位降到 0% 时，关闭现场阀 V2D101。

停解吸塔系统：

（1）关闭解吸塔再沸器控制阀 FV1008，停再沸器 E105。

（2）关闭解吸塔再沸器控制阀前阀 FV1008I。

（3）关闭解吸塔再沸器控制阀后阀 FV1008O。

（4）关闭解吸塔塔顶回流泵出口阀 P102AO，并关闭回流泵 P102A。

（5）关闭解吸塔回流阀 FV1006 及其前手阀 FV1006I 和后手阀 FV1006O。

（6）打开回流罐 D103 的泄液现场阀 V1D103，排液完成后关闭。

（7）当解吸塔的液位 LIC1004 降至 10% 时，依次关闭解吸塔塔底采出阀 LV1004 及其前阀 LV1004I、后阀 LV1004O。

（8）关闭循环油冷却器控制阀 TV1003，停 E102。

（9）关闭循环油冷却器控制阀前阀 TV1003I。

（10）关闭循环油冷却器控制阀后阀 TV1003O。

（11）打开解吸塔泄液现场阀 V1T102。

（12）当液位降至 0% 时，关闭解吸塔泄液现场阀 V1T102。

（13）全开吸收塔泄压阀 PV1004。

（14）当解吸系统压力低于 0.1MPa 时，依次关闭解吸塔泄压阀 PV1004 及其前阀 PV1004I、后阀 PV1004O。

5. 冷却水中断

事故原因：冷却水中断。

事故现象：解吸塔塔顶温度和压力升高。

处理原则：关闭相关进料阀及采出阀。

具体步骤：

（1）关闭解吸塔再沸器蒸汽控制阀 FV1008。

（2）关闭吸收塔 C_4 进料阀 FV1001。

（3）将解吸塔塔顶回流罐液体采出阀 LV1005 改为手动并关闭。

（4）关闭解吸塔塔顶回流泵出口阀 P102AO。

（5）关闭解吸塔塔顶回流泵 P102A。

（6）将解吸塔塔顶回流控制阀 FV1006 切换为手动并关闭。

三、 作业现场应急处置——仿真

1. 吸收剂进吸收塔控制阀前法兰泄漏着火

作业状态：T101、T102 处于正常生产状况，各工艺指标操作正常。

事故描述：控制阀 FIC1003 前法兰泄漏着火。

应急处理程序：

注：下列命令和报告除特殊标明外，都是用对讲机来进行传递。

扫一扫看视频

吸收解吸作业
现场应急处置

（1）外操员正在巡检，当行走到吸收塔 T101 附近时发现控制阀 FIC1003 前法兰泄漏着火。外操员立即向班长报告"吸收塔贫液进料阀 FIC1003 前法兰泄漏着火"。

（2）外操员迅速返回中控室取出正压式空气呼吸器佩戴好，并从工具柜中取出 F 型扳手，再返回事故现场取出灭火器站在上风口对准着火点进行喷射灭火。

（3）班长接到外操员的报警后，立即使用广播启动《车间泄漏着火应急预案》；然后命令安全员"请组织人员到 1 号门口拉警戒绳"；接着用中控室岗位电话向调度室报告发生泄漏着火（电话号码：12345678；电话内容："吸收塔贫液进料阀 FIC1003 前法兰处泄漏着火，已启动应急预案"）。

（4）班长从工具柜中取出正压式空气呼吸器佩戴好，并携带 F 型扳手迅速去事故现场。

（5）安全员收到班长的命令后，从中控室的工具柜中取出空气呼吸器佩戴好，携带警戒绳，去 1 号大门口。到达后立即拉警戒绳（自动完成）。

>> 火无法熄灭（需要紧急停车）：

（1）如没熄灭，外操员则汇报班长"尝试灭火，但火没有灭掉"，然后使用消防炮给 T101 降温。

（2）班长命令主操及外操"装置按紧急停车处理"。

（3）班长命令主操拨打电话 119 报火警（电话内容："车间发生火灾，吸收剂泄漏并着火，火势较大，请派消防车来，张三报警"），并通知安全员"请组织人员到 1 号门口引导消防车"。

（4）安全员接到班长的命令后，打开消防通道，引导消防车进入事故现场（自动完成）。

（5）外操员接到班长的停车命令后执行相应操作：

关闭贫液供给泵 P101A 出口阀 P101AO，并停泵 P101A；

关闭 FV1001 前阀 FV1001I 和后阀 FV1001O、新鲜溶剂补充阀 V1D101。

（6）主操听到班长通知后，点击 DCS 进行相应操作：

关闭加热进料控制阀 FIC1008，停 T102 塔加热；

关闭原料进 T101 阀 FIC1001；

将吸收塔贫液进料阀 FIC1003 投为手动并关闭；

打开吸收塔压力控制阀 PIC1003，吸收塔进行泄压；

当吸收塔塔釜液体排净后，手动关闭 FIC1004。

（7）T101 塔釜液体排净后，外操员关闭 FV1004 后阀 FV1004O。

（8）外操员操作完成后向班长汇报"现场按紧急停车处理完毕"。

（9）主操操作完成后向班长汇报"室内按紧急停车处理完毕"。

（10）班长通知维修工"请派维修人员进场检修"。

（11）待所有操作完成及火熄灭后，班长向调度汇报"火已熄灭，事故处理完毕，泄漏点移交维修工处理"。

（12）班长用广播宣布"解除事故应急预案"。

>> 火无法熄灭结束。

2.原料进吸收塔法兰泄漏着火

作业状态：T101、T102 处于正常生产状况，各工艺指标操作正常。

事故描述：原料进 T101 法兰泄漏着火。

应急处理程序：

注：下列命令和报告除特殊标明外，都是用对讲机来进行传递。

（1）外操员正在巡检，当行走到吸收塔 T101 附近时发现原料进 T101 法兰泄漏着火。外操员立即向班长报告 "原料进 T101 法兰泄漏着火"。

（2）外操员返回中控室从工具柜中取出正压式空气呼吸器佩戴好，并携带 F 型扳手。

（3）班长接到外操员的报警后，立即使用广播启动《车间泄漏着火应急预案》；然后命令安全员 "请组织人员到 1 号门口拉警戒绳"；接着用中控室岗位电话向调度室报告发生泄漏着火（电话号码：12345678；电话内容："原料进 T101 法兰泄漏着火，已启动应急预案"）。

（4）班长从中控室的工具柜中取出正压式空气呼吸器佩戴好，并携带 F 型扳手迅速去事故现场。

（5）外操员使用消防炮给 T101 降温。

（6）安全员收到班长的命令后，从中控室的物资柜中取出空气呼吸器佩戴好，携带警戒绳，去 1 号大门口。到达后立即拉警戒绳（自动完成）。

>> 火无法熄灭（需要紧急停车）：

（1）火没熄灭，外操员汇报班长 "尝试灭火，但火没有灭掉"。

（2）班长命令主操及外操员 "装置按紧急停车处理"。

（3）班长命令主操拨打电话 119 报火警（电话内容："车间发生火灾，富气泄漏并着火，火势较大，请派消防车来，报警人张三"），并通知安全员 "请组织人员到 1 号门口引导消防车"。

（4）外操员接到班长的停车命令后执行相应操作：

关闭 FV1001 前阀 FV1001I 和后阀 FV1001O；

关闭泵 P101A（贫液进 T101 泵）出口阀 P101AO，并停泵 P101A；

关闭新鲜吸收剂补充阀 V1D101。

（5）主操听到班长通知后，点击 DCS 进行相应操作：

关闭原料进料控制阀 FIC1001；

手动关闭 FIC1003；

手动打开 PIC1003 进行泄压；

手动关闭 FIC1008 停止 T102 加热；

当 T101 塔釜液体排净后，手动关闭 FIC1004。

（6）当 T101 塔釜液体排净后，外操员关闭 FV1004 后阀 FV1004O。

（7）安全员听到班长的命令后，打开消防通道，引导消防车进入事故现场（自动完成）；消防车进入现场后对 T101 进行降温（自动完成）。

（8）外操操作完成后向班长汇报"现场按紧急停车处理完毕"。

（9）主操操作完成后向班长汇报"室内按紧急停车处理完毕"。

（10）班长通知维修工"请派维修人员进场检修"。

（11）待所有操作完成及火熄灭后，班长向调度汇报"火已熄灭，T101 泄压排空，T102 保液保压，泄漏点移交维修工处理"。

（12）班长用广播宣布"解除事故应急预案"。

3. 原料进吸收塔法兰泄漏有人中毒

作业状态：T101、T102 处于正常生产状况，各工艺指标操作正常。

事故描述：原料进 T101 法兰泄漏，有人中毒昏倒。

应急处理程序：

注：下列命令和报告除特殊标明外，都是用对讲机来进行传递。

（1）外操员正在巡检，当行走到吸收塔 T101 附近时发现原料进 T101 法兰泄漏，有一人昏倒在地。外操员立即向班长报告"原料进 T101 法兰泄漏，有一人昏倒在地"。

（2）外操员返回中控室从工具柜中取出正压式空气呼吸器佩戴好并携带 F 型扳手。

（3）班长接到外操员的报警后，立即使用广播启动《车间泄漏有人中毒昏倒应急预案》；然后命令安全员"请组织人员到 1 号门口拉警戒绳"；接着用中控室岗位电话向调度室报告发生泄漏，有人中毒昏倒（电话号码：12345678；电话内容："原料进 T101 法兰泄漏有人中毒昏倒，已启动应急预案"）。

（4）班长命令主操拨打电话 120 呼叫救护车（电话内容："富气泄漏有人中毒晕倒，请派救护车，拨打人张三"）。

（5）班长命令外操员"立即去事故现场"；班长从中控室的工具柜中取出正压式空气呼吸器佩戴好，并携带 F 型扳手迅速去事故现场。

（6）安全员收到班长的命令后，从中控室的物资柜中取出空气呼吸器佩戴好，携带警戒绳，去 1 号大门口。到达后立即拉警戒绳（自动完成）。

（7）外操员和班长将昏倒人员抬到安全地方；外操员使用消防炮给吸收塔 T101 进行喷淋。班长命令主操及外操员"装置按紧急停车处理"。

（8）班长通知安全员"请组织人员到 1 号门口引导消防车"。

（9）外操员接到班长的命令后执行相应操作：

关闭泵 P101A（贫液进 T101 泵）出口阀并停该泵；

关闭 FV1001 的前阀 FV1001I 和后阀 FV1001O；

关闭新鲜溶剂补充阀 V1D101。

（10）主操听到班长通知后，点击 DCS 进行相应操作：

关闭 FIC1001；

关闭 FIC1003；

打开 PIC1003 进行系统泄压；

当 T101 塔釜液体排净后，关闭 FIC1004；

手动关闭 FIC1008 停止 T102 加热。

（11）当 T101 塔釜液体排净后，外操员关闭 FV1004 后阀 FV1004O。

（12）安全员听到班长的命令后，打开消防通道，引导救护车进入事故现场，将中毒人员抬上救护车拉去医院（自动完成）。

（13）待泄漏点消除，外操操作完成后向班长汇报"现场按紧急停车处理完毕"。

（14）待压力降为 0，主操操作完成后向班长汇报"室内按紧急停车处理完毕"。

（15）班长通知维修工"请派维修人员进场检修"。

（16）班长向调度汇报"伤者已送往医院，T101 泄压排空，T102 保液保压，泄漏点移交维修工处理"。

（17）班长用广播宣布"解除事故应急预案"。

任务五　完成离心压缩机单元操作

一、工艺内容简介

1. 工作原理

离心压缩机：被压缩的气体在离心压缩机中的运动是沿着垂直于压缩机轴的径向进行的。离心压缩机中当气流流经叶轮时，由于叶轮旋转使气体受到离心力的作用而使其速度升高；当气体流经扩压器等截面积扩张的通道时，流速逐渐降低，从而使速度能转变为压力能，气体的压力得到提高。

扫一扫看视频

离心压缩机介绍

离心压缩机的工作原理与输送液体的离心泵相似。当驱动机（如汽轮机、电动机等）带动压缩机转子旋转时，叶轮流道中的气体受叶轮作用随叶轮一起旋转，在离心力的作用下，气体被甩到叶轮外的扩压器中去。因而在叶轮中形成了稀薄地带，入口气体从而进入叶轮填补这一地带。由于叶轮不断旋转，气体就被不断地甩出，入口气体就不断地进入叶轮；沿径向流动离开叶轮的气体不但压力有所增加，还提高了速度，这部分速度就在后接元件扩压器中转变为压力，然后通过弯道导入下级。导流器再把从弯道来的气体按一定方向均匀地导入下级叶轮继续压缩。

汽轮机，又叫透平，是用蒸汽来做功的旋转式原动机。

来自锅炉或其他汽源的蒸汽通过调速阀进入汽轮机，依次高速流过一系列环形配置的喷嘴（或静叶栅）和动叶栅而膨胀做功，推动汽轮机转子旋转（将蒸汽的动能转换成机械功），汽轮机又带动电机或压缩机、泵等负荷机旋转。

2. 流程说明

（1）压缩机系统

本套机组由沈阳鼓风机厂制造的 C1301 两段压缩机和杭州汽轮机厂制造的 K1301 凝汽式汽轮机组成。分馏塔顶油气分离来的富气（压力 0.18MPa，温度40℃），经透平压缩机一段压缩后（压力 0.7MPa，温度 105℃），进入中间冷却器冷却，再进入中间分液罐进行分离，分离后的气相进入二段继续压缩升压（压力1.5MPa，温度 105℃）后，进入下一个工序。

该机组在压缩气体的同时，担负着控制反应压力的任务。正常时，通过调节机组转速达到控制反应压力的目的。另外，压缩机入口有两个实行分程控制的放火炬阀（DN850 和 DN350），用来辅助调节反应压力。压缩机出口有一个反飞动阀，用来防止压缩机喘振。该套机组整个控制系统由 DCS 计算机系统执行。

（2）油系统

润滑油由润滑油泵连续不断地从主油箱中抽出，经过油冷却器进行冷却后进入油过滤器，经压缩机轴承和联轴器返回到油箱。

动力油由动力油泵连续不断地从动力油箱中抽出，经油过滤器过滤后，经压缩机轴承和联轴器返回到油箱。

（3）干气密封

主密封管道：

氮气经过粗过滤器（25μm）、精过滤器（3μm）和超精过滤器（1μm）后进入高低压端主密封腔作为主密封气。

前置密封缓冲气管道：

氮气经过粗过滤器（25μm）、精过滤器（3μm）和超精过滤器（1μm）后进入高低压端主密封腔前置密封腔作为缓冲氮气，以防止机内介质气污染密封端面。此路使用音速孔板控制氮气消耗量，单套前置密封氮气消耗量 5m³/h。

后置密封缓冲气管道：

氮气经过精过滤器（3μm）后进入高低压主密封与轴承之间的腔体作为缓冲氮气，以防止润滑油气污染密封端面。此路使用音速孔板控制氮气消耗量，单套后置密封氮气消耗量 7.5m³/h。

经主密封密封泄漏的气体一部分和注入的隔离氮气一起放至大气，另一部分泄入压缩机内和工艺气体一起排至系统中。

3. 工艺卡片

（1）离心压缩机工艺参数卡片如表 2-19 所示。

表 2-19　离心压缩机工艺参数卡片

项目	单位	正常值	控制指标
吸气量	t/h	70	65～75
排气量	m³/h	15000	14500～15500
压缩机一段入口温度	℃	40	35～45
压缩机一段出口温度	℃	100.0	95～105
压缩机二段入口温度	℃	45	40～50
压缩机二段出口温度	℃	105	100～110
压缩机入口压力	MPa	0.17	0.05～0.25
压缩机出口压力	MPa	1.3	1.25～1.35
压缩机中间罐水包液位	%	50	45～55

（2）离心压缩机润滑油系统参数卡片如表 2-20 所示。

表 2-20　离心压缩机润滑油系统参数卡片

项目	单位	正常值	控制指标
PICA1006	kPa	350	320～380
PICA1007	kPa	900	890～910

4. 设备列表

离心压缩机单元设备列表如表 2-21 所示。

表 2-21　离心压缩机单元设备列表

位号	名称	位号	名称
C101	压缩机	P103A/B	复水泵
K101	汽轮机	S101A/B	润滑油过滤器
D102	气液分液罐	J101	油箱加热器
D103	润滑油箱	E101	气体级间冷却器

续表

位号	名称	位号	名称
D104	高位油箱	E102	气体返回冷却器
D106	复水器	E103A/B	润滑油冷却器
P101A/B	凝液泵	E104	复水器表面冷却器
P102A/B	润滑油泵	E105A/B	凝结水冷却器

5. 仪表列表

离心压缩机单元仪表列表如表 2-22 所示。

表 2-22　离心压缩机单元仪表列表

点名	单位	正常值	控制范围	描述
FIC1001	t/h	70.0	0～150	透平压缩机防喘振流量控制
PIC1001	MPa	0.17	0～3	透平压缩机入口放空压力控制
LICA1002	%	50.0	0～100	压缩机中间罐液位控制
LICA1005	%	50.0	0～100	汽轮机复水器液位控制
TI1001	℃	40.0	0～100	压缩机入口温度
PI1002	MPa	0.17	0～3	压缩机入口压力
TI1002	℃	100.0	0～300	压缩机一级出口温度
TI1003	℃	45.0	0～100	压缩机二级入口温度
TI1004	℃	105.0	0～300	压缩机二级出口温度
PIC1003	MPa	1.3	0～5	压缩机二级出口压力控制
FI1004	t/h	25.0	0～100	冷凝水流量
PIA1008	kPa	20.0	0～100	汽轮机出口蒸汽真空度
LAL1003	%	20		润滑油箱液位低报警
TAL1005	℃	27		润滑油箱温度低报警
TAH1005	℃	80		润滑油箱温度高报警
TIA1006	℃	45.0	0～100	润滑油冷后温度
PDIA1001	kPa	20.0	0～100	润滑油过滤器压差
PICA1004	MPa	1.5	0～5	润滑油泵后压力
PIA1005	MPa	1.5	0～3	润滑油过滤器后压力
PICA1006	MPa	0.85	0～2	调节油压力

续表

点名	单位	正常值	控制范围	描述
PICA1007	MPa	0.25	0～0.5	润滑油总管压力
PIA1010	kPa	350.0	0～1000	润滑油管线压力
PIA1011	kPa	900.0	0～12000	控制油管线压力

6. 现场阀列表

离心压缩机单元现场阀列表如表 2-23 所示。

表 2-23　离心压缩机单元现场阀列表

现场阀位号	描述	现场阀位号	描述
VX1E101	压缩机中间冷却器冷却水入口阀	P103BO	复水泵 P103B 出口阀
VI1E101	压缩机中间冷却器冷却水出口阀	VI5K101	汽提蒸汽总阀
P101AI	凝缩油泵 P101A 入口阀	VI2P104	辅助汽抽蒸汽喷嘴阀
P101AO	凝缩油泵 P101A 出口阀	VI1E105	一级汽抽出口放空阀
P101BI	凝缩油泵 P101B 入口阀	VI2P106A	二级汽抽蒸汽阀
P101BO	凝缩油泵 P101B 出口阀	VI2P105A	一级汽抽蒸汽阀
VI1K101	蒸汽入口阀	VI1P104	复水器辅助汽抽入口阀
VI3K101	蒸汽放空阀	VI1P106A	二级汽抽入口阀
VI4K101	蒸汽排液阀	VI1P105A	一级汽抽入口阀
VI2K101	速关阀前隔离阀	VX1D103	润滑油箱充油阀
VX1K101	速关阀	P102AI	润滑油主油泵入口阀
VI6K101	汽轮机轴封蒸汽阀	P102AO	润滑油主油泵出口阀
VI1E104	大气安全阀水封	P102BI	润滑油辅泵入口阀
VX1E104	复水器冷却水阀	P102BO	润滑油辅泵出口阀
VX1D106	复水器补水阀	VX1E103A	润滑油冷却器水阀
P103AI	复水泵 P103A 入口阀	VX1E103B	润滑油冷却器水阀
P103AO	复水泵 P103A 出口阀	VI1D104	高位油箱入口充油阀
P103BI	复水泵 P103B 入口阀		

7. 透平离心压缩机仿真 PID 图

透平离心压缩机仿真 PID 图如图 2-33 ～图 2-36 所示。

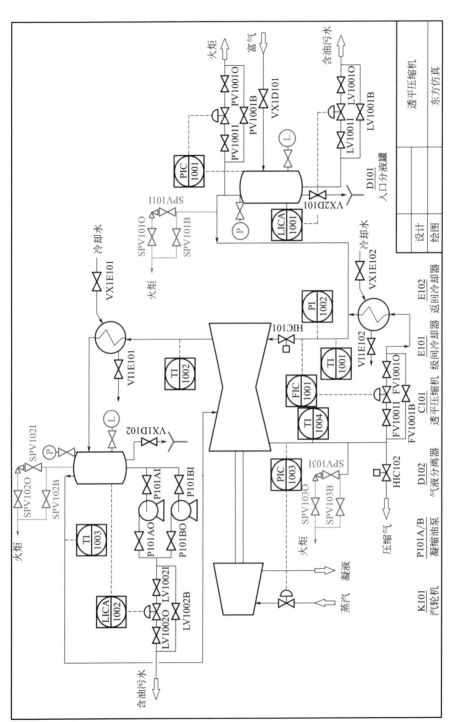

图 2-33 离心压缩机气体系统 PID 图

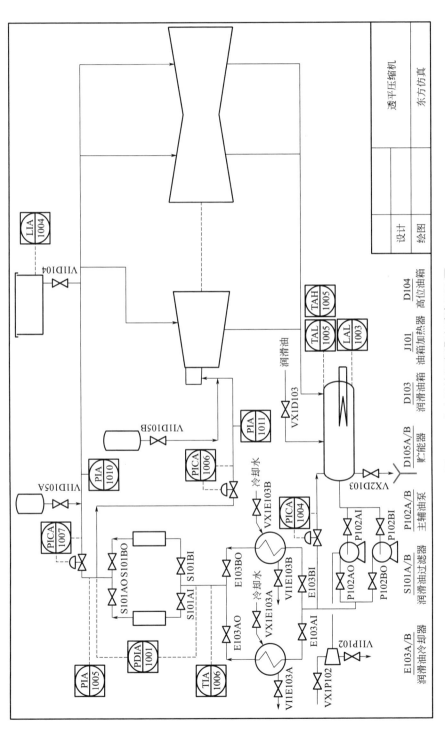

图2-34　离心压缩机润滑油系统 PID 图

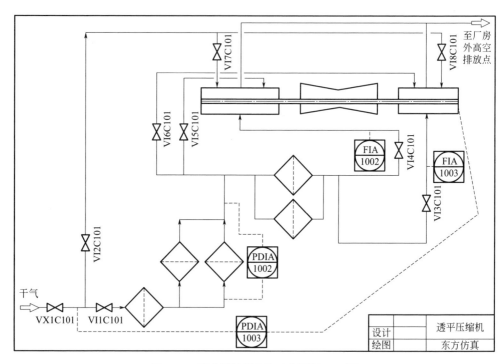

图 2-35　离心压缩机干气密封系统 PID 图

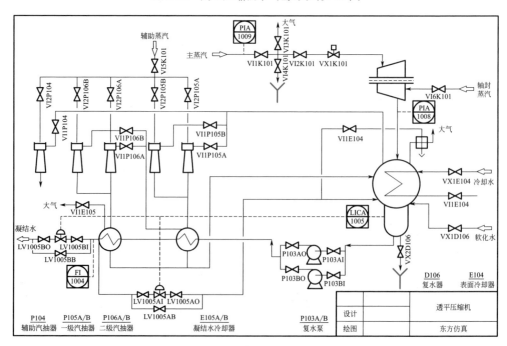

图 2-36　离心压缩机复水系统 PID 图

8. 透平离心压缩机 DCS 图

透平离心压缩机 DCS 图图如图 2-37～图 2-43 所示。

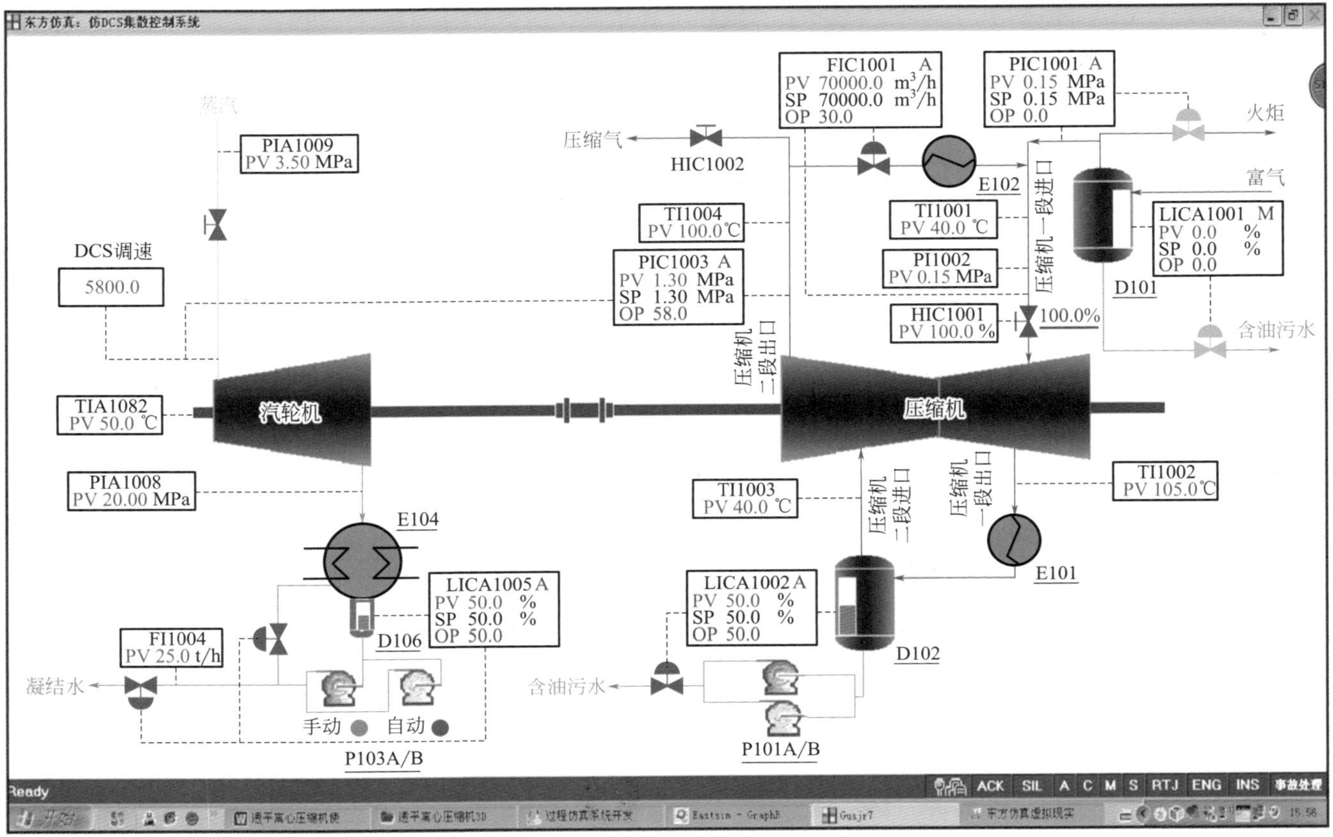

图 2-37 离心压缩气压机系统 DCS 图

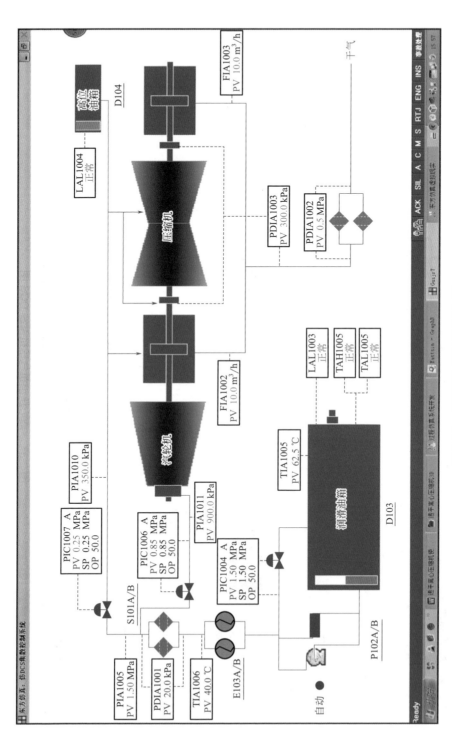

图 2-38　润滑油和密封气 DCS 图

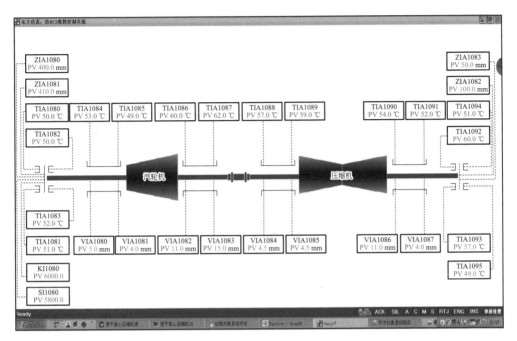

图 2-39 离心压缩机轴温轴振动监视 DCS 图

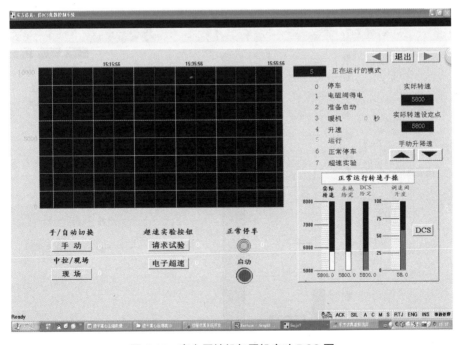

图 2-40 离心压缩机气压机启动 DCS 图

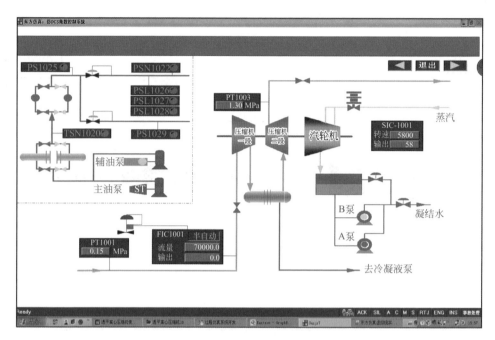

图 2-41　离心压缩机工艺系统 DCS 图

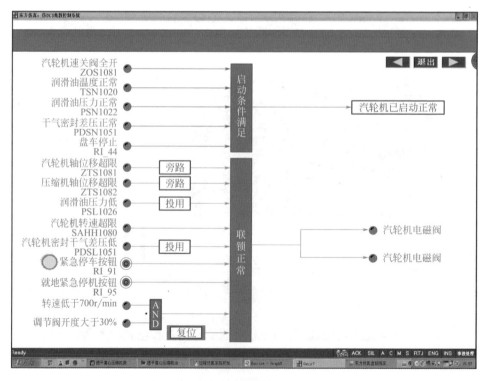

图 2-42　离心压缩机启停逻辑 DCS 图

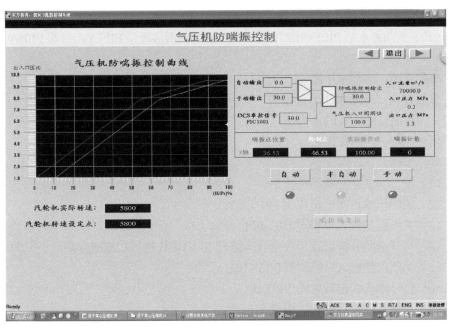

图 2-43 离心压缩机气压机防喘振控制 DCS 图

二、作业现场安全隐患排除——仿真与实物

1. 长时间停电

事故原因：电厂发生事故。

事故现象：动力电源故障报警，复水泵和中间凝液罐泵停止运转报警。

处理原则：紧急停压缩机。

具体步骤：

（1）按手动紧急停压缩机 C101 按钮。

（2）关闭压缩机富气出口阀 HIC1002。

（3）关闭压缩机入口蝶阀 HIC1001。

（4）打开级间分液罐罐顶安全阀旁路阀 SPV103B 进行压缩机泄压。

（5）关闭汽轮机入口隔离阀 VI2K101。

（6）打开隔离阀前放空阀 VI3K101。

（7）关闭轴封蒸汽阀门 VI6K101。

（8）关闭真空喷射泵蒸汽总阀 VI5K101。

（9）关闭一级汽抽入口阀 VI1P105A、一级汽抽蒸汽阀 VI2P105A、二级汽抽入

扫一扫看视频

离心压缩机作业现场安全隐患排除

069

口阀 VI1P106A、二级汽抽蒸汽阀 VI2P106A。

（10）关闭复水泵 P103A 出口阀 P103AO 和中间凝液罐泵 P101A 出口阀 P101AO。

2. 冷却水中断

事故原因：冷却水中断。

事故现象：冷却水压力低报警。排汽压力 PIA1008 升高，二段入口温度 TI1003 升高，润滑油温度 TIA1002 升高。

处理原则：停用压缩机。

具体步骤：

（1）按手动紧急停压缩机按钮。

（2）关闭压缩机富气出口阀 HIC1002。

（3）关闭压缩机入口蝶阀 HIC1001。

（4）打开级间分液罐罐顶安全阀旁路阀 SPV103B 进行压缩机泄压。

（5）关闭汽轮机入口隔离阀 VI2K101。

（6）打开隔离阀前放空阀 VI3K101。

（7）压缩机停下后进行机组盘车。

（8）关闭轴封蒸汽阀门 VI6K101。

（9）关闭真空喷射泵蒸汽总阀 VI5K101。

（10）关闭一级汽抽入口阀 VI1P105A、一级汽抽蒸汽阀 VI2P105A、二级汽抽入口阀 VI1P106A、二级汽抽蒸汽阀 VI2P106A。

（11）停复水泵 P103A，关闭该泵出口阀 P103AO。

3. 润滑油油压低

事故原因：润滑油泵出口阀卡。

事故现象：润滑油压力降低，压缩机联锁。

处理原则：紧急停压缩机。

具体步骤：

（1）按手动紧急停压缩机 C101 按钮。

（2）关闭压缩机富气出口阀 HIC1002。

（3）关闭压缩机入口蝶阀 HIC1001。

（4）打开级间分液罐罐顶安全阀旁路阀 SPV103B 进行压缩机泄压。

（5）关闭汽轮机入口隔离阀 VI2K101。

（6）打开隔离阀前放空阀 VI3K101。

（7）进行机组盘车。

（8）关闭轴封蒸汽阀门 VI6K101。

（9）关闭真空喷射泵蒸汽总阀 VI5K101。

（10）关闭一级汽抽入口阀 VI1P105A、一级汽抽蒸汽阀 VI2P105A、二级汽抽入口阀 VI1P106A、二级汽抽蒸汽阀 VI2P106A。

（11）停复水泵 P103A，关闭该泵出口阀 P103AO。

（12）备用泵 P102B 操作正常后停主油泵 P102A，关闭透平蒸汽阀 VX1P102、VI1P102。

4. 复水器液位高

事故原因：复水器液位高。

事故现象：液面高报警，复水器真空度下降。

处理原则：启用备用复水泵。

具体步骤：

（1）将备用复水泵 P103B 置于"手动"模式。

（2）复水器 D106 内液位降到 55% 以下。

（3）手动关闭备用复水泵 P103B。

（4）复水器液位 LICA1005 控制在正常范围（50%）内。

三、作业现场应急处置——仿真

1. 压缩机出口法兰泄漏着火

作业状态：离心压缩机处于正常生产状况，各工艺指标操作正常，如表 2-24、表 2-25 所示。

扫一扫看视频

离心压缩机
现场应急处置

表 2-24　离心压缩机设备参数

项目	单位	正常值	控制指标
吸气量	t/h	70	65 ～ 75
排气量	m³/h	15000	14500 ～ 15500
压缩机一段入口温度	℃	40	35 ～ 45
压缩机一段出口温度	℃	100.0	95 ～ 105
压缩机二段入口温度	℃	45	40 ～ 50
压缩机二段出口温度	℃	105	100 ～ 110
压缩机入口压力	MPa	0.17	0.05 ～ 0.25
压缩机出口压力	MPa	1.3	1.25 ～ 1.35
压缩机中间罐水包液位	%	50	45 ～ 55

表 2-25　压缩机润滑油系统参数

项目	单位	正常值	控制指标
PICA1006	kPa	350	320 ～ 380
PICA1007	kPa	900	890 ～ 910

事故描述：离心压缩机出口法兰泄漏、爆炸、着火。

应急处理程序：

注：下列命令和报告除特殊标明外，都是用对讲机来进行传递。

（1）外操员正在巡检，走到事故现场附近，看到大火在压缩机出口燃烧。外操员立即向班长报告"压缩机 C101 出口法兰泄漏燃起大火"。

（2）班长接到外操员的报警后，立即使用广播启动《车间泄漏、爆炸、着火应急预案》；然后命令安全员"请组织人员到 1 号门口拉警戒绳"；接着用中控室岗位电话向调度室报告发生泄漏着火（电话号码：12345678；电话内容："压缩机出口燃起大火，已启动应急预案"）。

（3）班长命令外操员"立即去现场"。

（4）班长拨打 119 报火警"压缩机出口燃起大火，请派消防车，报警人张三"，并命令安全员引导消防车。

（5）班长命令外操员使用消防炮对压缩机进行降温控制（如班长自己操作可不发此命令）。

（6）班长和外操员从中控室的工具柜中取出空气呼吸器佩戴好，并携带扳手迅速去事故现场。

（7）安全员收到班长的命令后，从中控室的工具柜中取出空气呼吸器佩戴好，携带警戒绳，去 1 号大门口。到达后立即拉警戒绳（自动完成）。

（8）班长命令主操及外操员"执行紧急停车操作"。

（9）主操接到班长的命令后执行相应操作：

按手动紧急停压缩机按钮；

关闭压缩机富气出口阀 HIC1002；

关闭压缩机入口蝶阀 HIC1001。

（10）外操员接到班长的命令后执行相应操作：

打开级间分液罐罐顶安全阀旁路阀 SPV101B 进行压缩机泄压；

关闭汽轮机入口隔离阀 VI2K101；

打开隔离阀前放空阀 VI3K101；

压缩机停下后进行机组盘车；

关闭轴封蒸汽阀门 VI6K101；

关闭真空喷射泵蒸汽总阀 VI5K101；

关闭一级汽抽入口阀 VI1P105A、一级汽抽蒸汽阀 VI2P105A、二级汽抽入口阀 VI1P106A、二级汽抽蒸汽阀 VI2P106A；

停复水泵 P103A，关闭该泵出口阀 P103AO；

停压缩机级间凝液送出泵 P101A。

（11）消防车到来进行救火。

（12）主操操作完毕向班长报告"压缩机 C101 已停车，系统正在泄压"。

（13）外操员操作完毕向班长报告"压缩机 C101 系统已停"。

（14）班长向调度汇报"压缩机 C101 系统停转，火已扑灭"。

（15）班长广播"解除事故预案"，紧急停车应急预案结束。

2. 离心压缩机段间法兰泄漏着火

作业状态：离心压缩机处于正常生产状况，各工艺指标操作正常。

事故描述：压缩机段间法兰泄漏着火。

应急处理程序：

注：下列命令和报告除特殊标明外，都是用对讲机来进行传递。

（1）外操员正在巡检，当行走到压缩机 C101 附近时看到段间法兰处泄漏着火。外操员立即向班长报告"压缩机 C101 段间法兰泄漏着火"。

（2）班长接到主操的报警后，立即使用广播启动《车间泄漏着火应急预案》；然后命令安全员"请组织人员到 1 号门口拉警戒绳"；接着用中控室岗位电话向调度室报告发生泄漏着火（电话号码：12345678；电话内容："压缩机 C101 段间法兰泄漏着火，已启动应急预案"）。

（3）班长命令外操员"立即去现场"。班长和外操员从中控室的工具柜中取出空气呼吸器佩戴好，并携带扳手迅速去事故现场。

（4）安全员收到班长的命令后，从中控室的工具柜中取出空气呼吸器佩戴好，携带警戒绳，去 1 号大门口。到达后立即拉警戒绳（自动完成）。

（5）班长命令外操员使用消防炮对压缩机进行降温控制（如班长自己操作可不发此命令）。

（6）班长命令主操"请拨打电话 119，报火警"（如班长自己拨打 119 可不发此命令）。火警内容："压缩机 C101 段间法兰泄漏着火，请派消防车，报警人张三"。

（7）班长命令主操及外操员"执行紧急停车操作"。

（8）主操接到班长的命令后执行相应操作：

按手动紧急停压缩机按钮；

关闭压缩机富气出口阀 HIC1002；

关闭压缩机入口蝶阀 HIC1001。

（9）外操接到班长的命令后执行相应操作：

打开级间分液罐罐顶安全阀旁路阀 SPV101B 进行压缩机泄压；

关闭汽轮机入口隔离阀 VI2K101；

打开隔离阀前放空阀 VI3K101；

压缩机停下后进行机组盘车；

关闭轴封蒸汽阀门 VI6K101；

关闭真空喷射泵蒸汽总阀 VI5K101；

关闭一级汽抽入口阀 VI1P105A、一级汽抽蒸汽阀 VI2P105A、二级汽抽入口阀

VI1P106A、二级汽抽蒸汽阀 VI2P106A；

关闭干气密封入口总阀 VXC101；

停复水泵 P103A，关闭该泵出口阀 P103AO；

关闭润滑油泵透平蒸汽阀门 VX1P102。

（10）班长通知安全员"请组织人员到 1 号门口引导消防车"。

（11）安全员听到班长的命令后，打开消防通道，引导消防车进入事故现场（自动完成）。

（12）主操向班长报告"压缩机 C101 已停车，系统正在泄压"。

（13）外操向班长报告"压缩机 C101 系统已停"。

（14）班长向调度汇报"压缩机 C101 系统停转，火已扑灭"。

（15）班长广播"解除事故预案"，紧急停车应急预案结束。

3. 压缩机动力蒸汽泄漏

作业状态：离心压缩机处于正常生产状况，各工艺指标操作正常。

事故描述：压缩机动力蒸汽泄漏伤人，蒸汽压力（PIA1009）降低。

应急处理程序：

注：下列命令和报告除特殊标明外，都是用对讲机来进行传递。

（1）主操正在监视 DCS 操作画面，突然发现压缩机动力蒸汽压力（PIA1009）降低。主操立即向班长报告"发现压缩机动力蒸汽压力（PIA1009）降低到 3MPa 以下，出现压缩机动力蒸汽压力低事故"。

（2）外操员正在现场巡检忽然听到蒸汽泄漏的撕裂声，忙跑过去看到压缩机透平入口法兰呲开，大量蒸汽泄漏，并看到有一记录的外操员被烫伤，马上用对讲机汇报"大量蒸汽泄漏，外操员被烫伤"。

（3）班长接到主操和外操员的报警后，立即使用广播启动《车间紧急停车应急预案》；接着用中控室岗位电话向调度室报告（电话号码：12345678；电话内容："PIA1009 压力降低到 3MPa 以下，压缩机动力蒸汽泄漏伤人，已启动紧急停车应急预案"）。

（4）班长命令外操员"立即去现场"。

（5）外操员拿取 F 型扳手并佩戴好正压式空气呼吸器，迅速去事故现场，到现场之后立即对受伤人员进行救护。

（6）班长命令主操及外操员"执行紧急停车操作"，同时命令室内主操打电话叫救护车，并命令安全员引导救护车。

（7）主操接到停车的命令后，打电话 120（电话内容："压缩机现场有人被蒸汽烫伤，请派救护车，拨打人李四"），然后启动室内岗位停车处理方案，具体如下：

按手动紧急停压缩机按钮；

关闭压缩机富气出口阀 HIC1002；

关闭压缩机入口蝶阀 HIC1001。

（8）外操员接到班长的命令后到现场将受伤操作工救护到安全地方，然后执行相应操作：

打开级间分液罐罐顶安全阀旁路阀 SPV101B 进行压缩机泄压；

关闭汽轮机入口隔离阀 VI2K101；

打开隔离阀前放空阀 VI3K101；

压缩机停下后进行机组盘车；

关闭轴封蒸汽阀门 VI6K101；

关闭真空喷射泵蒸汽总阀 VI5K101；

关闭一级汽抽入口阀 VI1P105A、一级汽抽蒸汽阀 VI2P105A、二级汽抽入口阀 VI1P106A、二级汽抽蒸汽阀 VI2P106A；

关闭干气密封入口总阀 VXC101；

停复水泵 P103A，关闭该泵出口阀 P103AO。

（9）主操向班长报告"压缩机 C101 已停车，系统正在泄压，压力降到 0.17MPa 保压"。

（10）外操向班长报告"压缩机 C101 已停，机组正在盘车，蒸汽和抽汽已隔断，压缩机润滑油系统运转"。

（11）班长向调度汇报"压缩机 C101 停止运转，润滑油系统运转。"

（12）班长广播"解除事故预案"，紧急停车应急预案结束。

任务六　完成合成气压缩机单元操作

一、工艺内容简介

1. 工艺部分

合成气经 K101/2 压缩后，将压力提至合成回路压力。新鲜气在低压缸和高压缸压缩，弛放气回收系统回收的氢气并入 K102 入口循环气中，循环气在 HP（高压）缸外侧一级叶轮的循环段压缩。其中循环段和高压缸使用公共隔板隔开。

压缩机的转速由透平调速器控制维持恒定在设定值，透平调速器的设定值由压力控制阀 PIC1002 调整，维持一段入口压力恒定。压缩机的防喘振旁路阀 FV1001 和 FV1002 可使压缩机与气体处理部分和氨合成部分完全隔离。

新鲜气氨冷器（E103）在 K101 第一段间冷却器（E101）后，用来除去新鲜气中的水分，冷凝液在第一段间分离器（D102）分离，并送往 E106。新鲜气从 D102

出来后进入 K101 二段入口。

　　K101 出口气经最终冷却器（E102）后在 D103 中分离，冷凝液送往 E106，分离后的新鲜气与换热后的合成塔出口气在 E006 前汇合，一起进入 K102 压缩，并进入合成塔。

　　2. 润滑油系统

　　润滑油系统由主油箱、润滑油泵、油冷器、油过滤器、封油泵、高位油箱、润滑油回油污油补集器、脱气槽组成。主油箱和脱气槽使用低压蒸汽加热，若油箱油温低于 30℃，则应投用蒸汽加热系统，使油温在 30 ～ 40℃。油箱采用 N_2 密封。

　　3. 工艺卡片

　　合成气压缩机单元工艺参数卡片如表 2-26 所示。

表 2-26　合成气压缩机单元工艺参数卡片

名称	项目	单位	指标
K101 一段入口压力	PIC1002	MPa（G）	3.41±0.3
新鲜合成气去合成回路压力	PIC1005	MPa（G）	10.4±0.3
循环段出口压力	PI1007	MPa（G）	10.91±0.3
K101 二段出口温度	TI1004	℃	69±5
循环段出口温度	TI1003	℃	40±5

　　4. 设备列表

　　合成气压缩机单元设备列表如表 2-27 所示。

表 2-27　合成气压缩机单元设备列表

位号	名称	位号	名称
K101/2	合成气压缩机	P202A/B	压缩机密封油齿轮泵
E203	真空冷凝器	E201A/B	油冷器
MT01	合成气压缩机驱动透平	F201A/B	润滑油过滤器
E204	轴封冷却器	F202A/B	密封油过滤器
E101	第一段冷却器	D201	润滑油箱
E102	K101 最终冷却器	D202	润滑油惰转油箱
E103	新鲜气氨冷器	D203	低压缸密封油高位槽
E104	回流冷却器	D204	高压缸密封油高位槽
D101	入口分离器	D205A/B	低压缸密封油回油污油补集器
D102	段间分离器	D206A/B	高压缸密封油回油污油补集器
D103	最终分离器	D207	密封油脱气槽
P201A/B	机组润滑油离心泵		

5. 仪表列表

合成气压缩机单元 DCS 仪表列表如表 2-28 所示。

表 2-28　合成气压缩机单元 DCS 仪表列表

点名	单位	正常值	描述
FIC1001	m³/h	122236	K101 一段入口流量
FIC1002	m³/h	455031	循环段入口流量
FIC1011	m³/h	8	P203 出口冷凝液量
PALL1001	MPa（G）	3.41	K101 一段入口压力低联锁
PIC1002	MPa（G）	3.41	K101 一段入口压力
PI1104	MPa（G）	6.49	K101 一段出口压力
PI1105	MPa（G）	6.39	K101 二段入口压力
PI1003	MPa（G）	10.4	K101 二段出口压力
PIC1005	MPa（G）	10.4	新鲜合成气去合成回路压力
PI1007	MPa（G）	10.91	循环段出口压力
PDI1004	MPa（G）	10	K102 平衡控制阀压差
PDI1008	MPa（G）	0.8	循环段压差
PDI1010	MPa（G）	0.51	循环段与 K101 高压段出口压差
PI1012	MPa（G）	13	E203 压力
PI1113/4	MPa（G）	0.5	P203A/B 出口压力
PI1111	MPa（G）	13	E203 壳侧压力
PI1300/1	MPa（G）	1.2	P201A/B 出口压力
PI1302	MPa（G）	1	机组控制油总管压力
PI1303/4	MPa（G）	7.05	P202A/B 泵出口压力
PI1305	MPa（G）	7	P202 总管压力
PI1311	MPa（G）	0.2	润滑油总管压力
PDI1054	MPa（G）	0.03	F201A/B 压差
PDI1061	MPa（G）	0.03	F202A/B 压差
PSL1067	MPa（G）	0.2	K101 进口 LO 压力低（辅泵启动）
PSLL1068	MPa（G）	0.2	K101 进口 LO 压力低联锁（机组脱扣）
PSL1071	MPa（G）	1.1	MT01 GO 压力低（辅泵启动）
PSLL1072	MPa（G）	1.1	MT01 GO 压力低（机组脱扣）
TI1101	℃	38	K101 一段入口温度
TI1102	℃	113.2	K101 一段出口温度
TI1104/5	℃	15/80	K101 二段入口 / 出口温度
TI1003	℃	40	循环段出口温度

续表

点名	单位	正常值	描述
TI1004	℃	69	K101 二段出口温度
TI1107	℃	33	循环段入口温度
TI1300	℃	63	油箱温度
TI1301	℃	63	润滑油泵出口温度
TI1302	℃	45	E201A/B 出口油温
TI1304	℃	63	D207 油温
TSH1051	℃	45	E201A/B 出口油温高联锁
TI1055 ～ TI1058	℃	90	K101（LP）轴承温度
TI1059 ～ TI1062	℃	＜ 120	MT01 轴承温度
TI1063 ～ TI1066	℃	90	K102（HP）轴承温度
LIC1002	%	43	D102 液位控制
LSHH1003	%	50	D102 液位高联锁
LIC1004	%	50	D103 液位控制
LIC1055	%	50	D203（密封油高位槽）液位
LI1055	%	50	D203 液位指示
LSH1062	mm	0	D203 液位高报警
LSL1063	mm	0	D203 液位低报警
LSLL1058	mm	0	D203 液位低联锁
LIC1059	%	50	D204（密封油高位槽）液位
LI1059	%	50	D204 液位指示
LSH1066	mm	0	D204 液位高报警
LSL1067	mm	0	D204 液位低报警
LSLL1062	mm	0	D204 液位低联锁
LSH1064	%		油排放槽液位高报警
LSL1065	%		油排放槽液位低报警
LSH1067	%		油排放槽液位高报警
LSL1068	%		油排放槽液位低报警
VI1055/56	μm	＜ 60	K101（LP）轴振动
VI1057/58	μm	＜ 29	MT01 轴振动
VI1059/60	μm	＜ 60	K102（HP）轴振动
XI1055	mm	|＜±| 0.5	K101（LP）轴位移
XI1056	mm	|＜±| 0.5	MT01 轴位移
XI1057	mm	|＜±| 0.5	K102（HP）轴位移
SI1071	r/min	11260	MT01 转速三取二 / 505E

注：LO—润滑油；GO—调速油。

6. 现场阀列表

合成气压缩机单元现场阀列表如表 2-29 所示。

表 2-29　合成气压缩机单元现场阀列表

现场阀位号	描述	现场阀位号	描述
VI1D101	D101 入口阀	VO2D206A	D206A 排液阀
VI2D101	D101 入口旁路阀	VI1D206B	D206B 入口阀
VX1K101	K101 入口 N_2 充压阀	VO1D206B	D206B 排气阀
VX1E101	E101 入口冷却水阀	VO2D206B	D206B 排液阀
VX2E101	E101 出口冷却水阀	VX1D207	D207 排液阀
VL1E101	E101 管程排气阀	VX1HSNY	主蒸汽阀前导淋阀
VX2E103	E103 液氨排放阀	VX2HSNY	主蒸汽阀后导淋阀
VX1E102	E102 入口冷却水阀	VX1HS	主蒸汽阀
VX2E102	E102 出口冷却水阀	VX2HS	主蒸汽旁路阀
VL1E102	E102 管程排气阀	VT1122	仪表空气阀
VB1008	XV1008 旁路阀	VT1109	低压蒸汽阀门
VX1E104	E104 入口冷却水阀	VIMS	中压抽汽阀门
VX2E104	E104 出口冷却水阀	V1HLQ	中间冷凝器排气阀
VL1E104	E104 管程排气阀	V1P203MF	真空冷凝器大气水封阀
VI1N2	氮气管线阀	VX1E204	气封冷凝器 E204 冷水入口阀
VX1N2	D107 氮气管线阀	VX2E204	气封冷凝器 E204 冷水出口阀
VX2N2	D207 氮气管线阀	VT1118	气封冷凝器抽汽阀
VX1LS	低压蒸汽阀门	VT1112	气封冷凝器抽汽阀
VX2LS	D201 蒸汽管线阀	VX1MS	中压蒸汽抽汽阀
VX3LS	D207 蒸汽管线阀	VX2MS	中压抽汽旁路阀
VX4LS	蒸汽凝液阀	VX5E203	真空冷凝器补水阀
VX5LS	蒸汽凝液阀	VX1E203	真空冷凝器冷却水入口阀
VX2D201	D201 排液阀	VX2E203	真空冷凝器冷却水入口阀
V1P1	P201A/B 出口压力平衡阀	VX3E203	真空冷凝器冷却水出口阀
VB1P1	P201A/B 出口回油阀	VX4E203	真空冷凝器冷却水出口阀
VB2P1	P201A/B 出口回油阀	V1FV1011	真空冷凝器上回水阀

续表

现场阀位号	描述	现场阀位号	描述
VSE1	E201A/B 三通阀	V2FV1011	真空冷凝器下回水阀
VBE1	冷油器 E201A/B 三通阀旁路阀	P203ALQ	P203A 泵体冷却水阀
VX1E201AW	冷油器 E201A 冷却水进口阀	P203BLQ	P203B 泵体冷却水阀
VX2E201AW	冷油器 E201A 冷却水出口阀	VIP1011	PAHH1011 根部阀
VX1E201BW	冷油器 E201B 冷却水进口阀	VO1NC	中间冷凝器疏水器前阀
VX2E201BW	冷油器 E201B 冷却水出口阀	VO2NC	中间冷凝器疏水器后阀
VSF201	润滑油过滤器 F201A/B 三通阀	VO1NCB	中间冷凝器疏水器旁路阀
VBF201	润滑油过滤器 F201A/B 三通阀旁路阀	VO1AFC	后冷凝器疏水器前阀
VT1136	PAL1071 根部阀	VO2AFC	后冷凝器疏水器后阀
VT1130	PAL1072 根部阀	VO1AFCB	后冷凝器疏水器旁路阀
VT1133	蓄能器根部阀	VI1L001A	一抽蒸汽入口阀
VT1134	蓄能器泄压阀	VI2L001A	一抽入口阀
VIP1067	PAL1067 根部阀	VO1L001A	一抽出口阀
VIP1068	PALL1068 根部阀	VI1L001B	一抽蒸汽入口阀
VSF202	密封油过滤器 F202A/B 三通阀	VI2L001B	一抽入口阀
VBF202	密封油过滤器 F202A/B 三通阀旁路阀	VO1L001B	一抽出口阀
V1DL	压缩机缸体导淋阀	VI1L002A	二抽蒸汽入口阀
V2DL	压缩机缸体导淋阀	VI2L002A	二抽入口阀
V3DL	压缩机缸体导淋阀	VO1L002A	二抽出口阀
VI1D205A	油排放器 D205A 入口阀	VI1L002B	二抽蒸汽入口阀
VO1D205A	D205A 排气阀	VI2L002B	二抽入口阀
VO2D205A	D205A 排液阀	VO1L002B	二抽出口阀
VI1D205B	D205B 入口阀	VI1L003A	辅抽凝液出口阀
VO1D205B	D205B 排气阀	VI2L003A	辅抽蒸汽入口阀
VO2D205B	D205B 排液阀	VO1D206A	D206A 排气阀
VI1D206A	D206A 入口阀		

7. 合成气压缩机仿真 PID 图

合成气压缩机仿真 PID 图如图 2-44 ～图 2-47 所示。

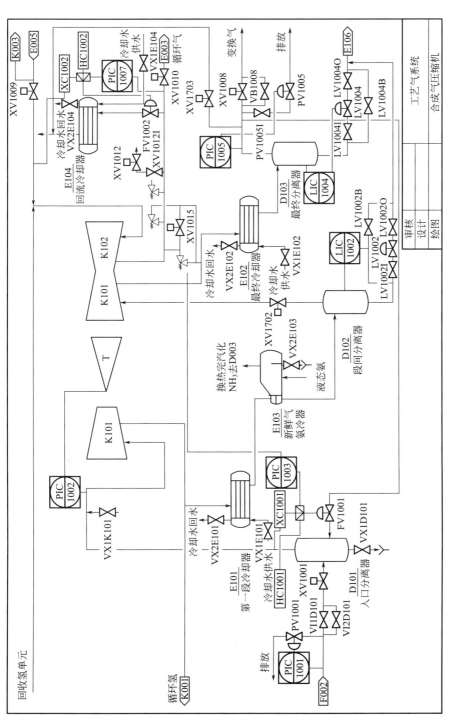

图 2-44　工艺气 PID 图

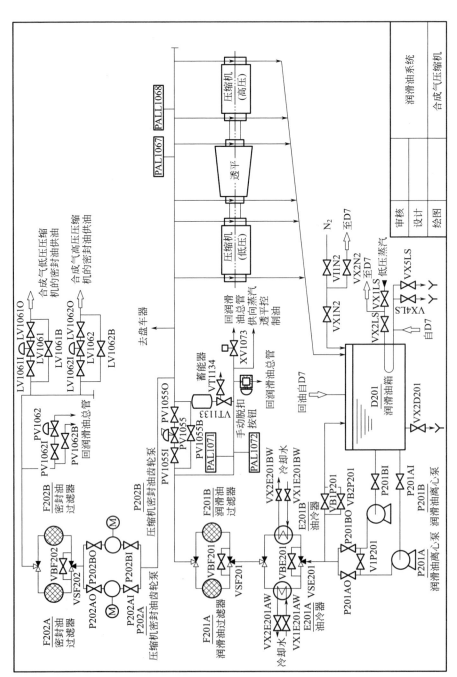

图 2-45　润滑油 PID 图

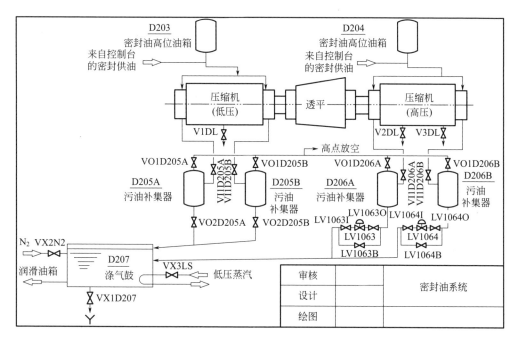

图 2-46 密封油系统 PID 图

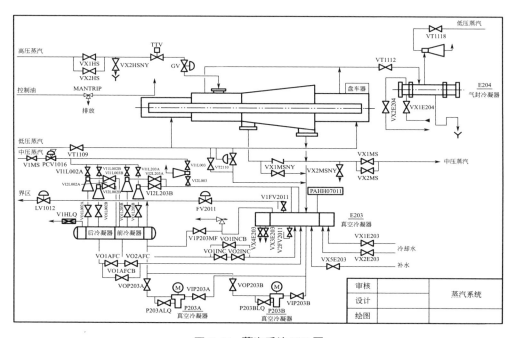

图 2-47 蒸汽系统 PID 图

8. 合成气压缩机 DCS 图

合成气压缩机 DCS 图如图 2-48 ～图 2-53 所示。

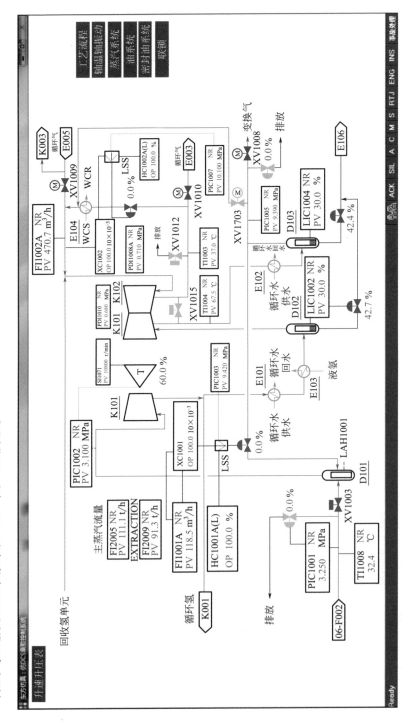

图 2-48　K101/K102 DCS 图

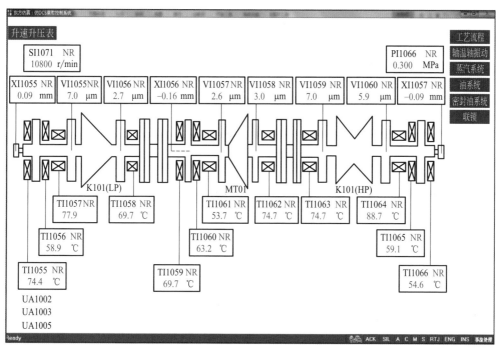

图 2-49 机组振动、位移 DCS 图

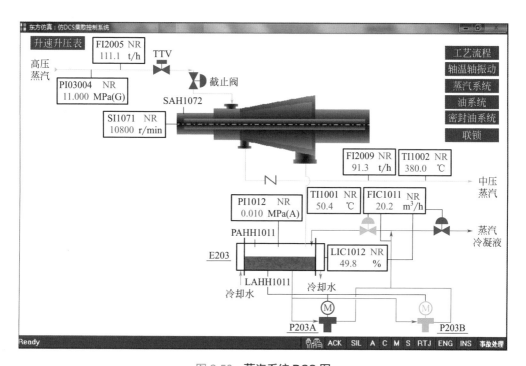

图 2-50 蒸汽系统 DCS 图

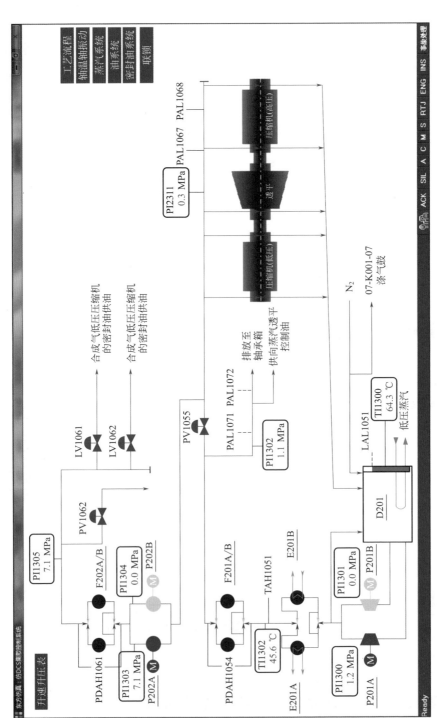

图 2-51 润滑油系统 DCS 图

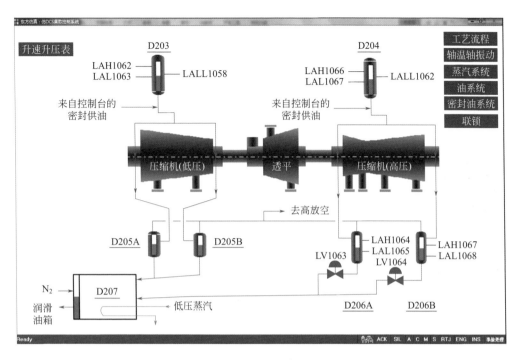

图 2-52　密封油系统 DCS 图

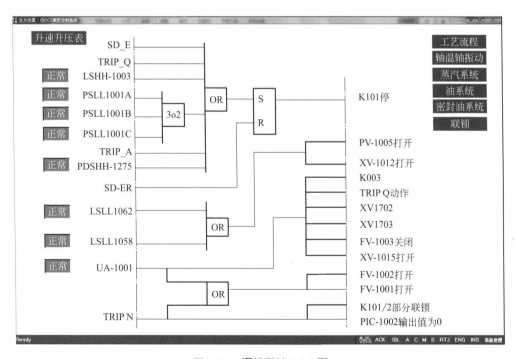

图 2-53　逻辑联锁 DCS 图

二、作业现场安全隐患排除——仿真与实物

1. 长时间停电

扫一扫看视频

合成气压缩机作业现场安全隐患排除

事故原因：外部电网断电。

事故现象：泵、压缩机等停。

处理原则：系统泄压，封油泵联锁开关置"M"位，复水器补液，关闭相关阀门。

具体步骤：

（1）主控打开压缩机 K101 二段出口压力控制阀 PIC1005 对缸体泄压。

（2）迅速将缸体压力降到零，关闭密封油控制阀 LVI1061 和 LVI1062 前后切断阀。

（3）封油泵 P202A、P202B 联锁开关置"M"位，严防窜气事故。

（4）打开真空冷凝器补水阀 VX5E203 对复水器 E203 及时补液。

（5）若凝液泵 P203 无法启动，停真空系统阀 VI2L001A、VI1L001A、VI2L002A、VI1L002A。

（6）关闭低压蒸汽阀 VT1109 停止轴封供气，关闭汽封抽汽器入口蒸汽截止阀 VT1118。

（7）打开各蒸汽导淋阀 VX2HSNY，关闭主蒸汽入口切断阀 VX1HS、抽汽蒸汽切断阀 VX1M1 及旁路阀 VX2MS。

（8）关闭压缩机 K101 入口切断阀 VI1D101 及旁路阀 VI2D101。

2. 真空系统液位高

事故原因：液位升高。

事故现象：真空系统液位升高。

处理原则：切换备用泵。

具体步骤：

（1）关闭凝液泵备用泵 P203B 出口阀 VOP203B。

（2）备用泵 P203B 切至手动控制。

（3）启动备用泵 P203B。

（4）打开备用泵 P203B 出口阀 VOP203B。

（5）缓慢关闭运行泵 P203A 的出口阀 VOP203A。

（6）停下原运行泵 P203A。

3. 油冷器出口油温高

事故原因：换热器结垢等。

事故现象：油冷却器出口油温高。

处理原则：切换冷却器。

具体步骤：

（1）打开备用冷却器 E201B 冷却水入口阀 VX1E201BW。

（2）打开备用冷却器 E201B 冷却水出口阀 VX2E201BW。

（3）切换冷却器 VSE201。

（4）关闭冷却器 E201B 冷却水入口阀 VX1E201AW。

（5）关闭冷却器 E201B 冷却水出口阀 VX2E201AW。

4. 冷却水压力低

事故原因：冷却水管网压力低。

事故现象：

（1）水冷器出口温度高；

（2）压缩机出口温度高。

处理原则：系统泄压，封油泵联锁开关置"M"位，启动电盘车，关闭相关阀门。

具体步骤：

（1）主控打开压缩机 K101 二段出口流量控制阀 FIC1005。

（2）主控打开压缩机 K101 二段出口压力控制阀 PIC1005 对缸体泄压。

（3）迅速将缸体压力降到零，关闭密封油控制阀 LVI1061 和 LVI1062 前后切断阀。

（4）封油泵 P202A、P202B 联锁开关置"M"位，严防窜气事故。

（5）转速到零后，启动电盘车。

（6）关闭低压蒸汽阀 VT1109 停止轴封供气，关闭汽封抽汽器入口蒸汽截止阀 VT1118；打开各蒸汽导淋阀 VX2HSNY，关闭主蒸汽入口切断阀 VX1HS、抽汽蒸汽切断阀 VX1MS 及旁路阀 VX2MS。

（7）关闭压缩机 K101 入口控制阀 XV1003、切断阀 VI1D101 及旁路阀 VI2D101。关闭冷却器 E201B 冷却水出口阀 VX2E201AW。

三、作业现场应急处置——仿真

1. 压缩机透平蒸汽泄漏有人受伤

作业状态：压缩机处于正常生产状况，各工艺指标操作正常。

事故描述：压缩机动力蒸汽泄漏伤人，压力降低。

应急处理程序：

注：下列命令和报告除特殊标明外，都是用对讲机来进行传递。

（1）外操员正在现场巡检，忽然听到蒸汽泄漏的撕裂声，忙跑过去看到压缩机透平入口法兰呲开，大量蒸汽泄漏，并看到有一记录的外操员被烫伤，马上用对讲机汇报"合成氨装置合成气压缩机蒸汽透平处中压汽抽法兰处发生蒸汽泄漏，有人烫伤晕倒"。

扫一扫看视频

合成气压缩机现场应急处置

（2）班长接到外操员的报警后，立即使用广播启动《车间紧急停车应急预案》；接着用中控室岗位电话向调度室报告（电话号码：12345678；电话内容："压缩机动力蒸汽泄漏伤人，已启动紧急停车应急预案"）。

（3）班长命令安全员"请组织人员到1号门口拉警戒绳"。

（4）安全员收到班长的命令后，从中控室的物资柜中取出空气呼吸器佩戴好，携带警戒绳，去1号大门口。到达后立即拉警戒绳（自动完成）。

（5）班长命令外操员"立即去现场"。

（6）外操员、班长迅速去事故现场。

（7）班长命令主操及外操员"执行紧急停车操作"，同时命令主操打电话叫救护车。

（8）主操接到停车的命令后，打电话120（电话内容："有人被蒸汽烫伤，请派救护车来救人，拨打人张三"），然后启动室内岗位停车处理方案，具体如下：

按手动紧急停压缩机按钮；

确认关闭压缩机合成气出口阀 XV1010；

确认关闭压缩机入口蝶阀 XV1003；

通过压缩机二段出口压力控制阀 PIC1005 进行压缩机泄压。

（9）外操员接到班长的命令后到现场将受伤操作工救护到安全地方，然后执行相应操作：

关闭汽轮机入口隔离阀 VX1HS；

现场关闭低压蒸汽去密封气系统阀 VT2109；

关闭一抽入口阀 VI2L001A；

关闭一抽出口阀 VO1L001A；

关闭一抽蒸汽入口阀 VI1L001A；

关闭一抽入口阀 VI2L001B；

关闭一抽出口阀 VO1L001B；

关闭一抽蒸汽入口阀 VI1L001B；

关闭二抽入口阀 VI2L002A；

关闭二抽出口阀 VO1L002A；

关闭二抽蒸汽入口阀 VI1L002A；

关闭二抽入口阀 VI2L002B；

关闭二抽出口阀 VO1L002B；

关闭二抽蒸汽入口阀 VI1L002B；

关闭真空系统用蒸汽总阀 VIMS 和中压抽汽阀 VX1MS；

打开各压力等级蒸汽导淋阀 VX2HSNY；

压缩机停下后进行机组盘车；

关闭凝液泵 P203A 出口阀 VOP203A；

停凝液泵 P203A。

（10）班长命令安全员"引导救护车"。

（11）班组安全员听到班长的命令后，用面对面的对话方式命令操作人员"打开消防通道，引导救护车进入事故现场"。救护车进入事故现场后，将受伤人员拉走。

（12）主操向班长报告"压缩机已停车，系统正在泄压，压力降到0"。

（13）外操向班长报告"压缩机已停，机组正在盘车，蒸汽和抽汽已隔断，压缩机润滑油系统运转"。

（14）班长向调度汇报"压缩机停止运转，润滑油运转。待温度降下来派维修人员消漏"。

（15）班长用广播宣布"紧急停车应急预案结束"。

2. 压缩机出口法兰泄漏着火

作业状态：压缩机处于正常生产状况，各工艺指标操作正常。

事故描述：压缩机出口法兰泄漏着火。

应急处理程序：

注：下列命令和报告除特殊标明外，都是用对讲机来进行传递。

（1）外操员正在巡检，突然听到爆炸声，走到事故现场附近，看到大火在压缩机出口燃烧。外操员立即向班长报告"压缩机出口燃起大火"。

（2）班长接到主操的报警后，立即使用广播启动《车间紧急停车应急预案》和《车间泄漏、爆炸、着火应急预案》；然后命令安全员"请组织人员到1号门口拉警戒绳"；接着用中控室岗位电话向调度室报告发生泄漏着火（电话号码：12345678；电话内容："压缩机出口燃起大火，已启动应急预案"）。

（3）班长拨打119报火警。压缩机出口燃起大火。

（4）班长和外操员从中控室的工具柜中取出空气呼吸器佩戴好，并携带扳手迅速去事故现场。

（5）安全员收到班长的命令后，从中控室的物资柜中取出空气呼吸器佩戴好，携带警戒绳，去1号大门口。到达后立即拉警戒绳（自动完成）。

（6）班长命令安全员"请组织人员到1号门口引导消防车"。

（7）班长命令主操及外操员"执行紧急停车操作"。

（8）主操接到停车的命令后，启动室内岗位停车处理方案，具体如下：

按手动紧急停压缩机按钮；

确认关闭压缩机合成气出口阀XV1010；

确认关闭压缩机入口蝶阀XV1003；

通过压缩机二段出口压力控制阀PIC1005进行压缩机泄压。

（9）外操员接到班长的命令后到现场将受伤操作工救护到安全地方，然后执行相应操作：

关闭汽轮机入口隔离阀VX1HS；

现场关闭低压蒸汽去密封气系统阀VT2109；

关闭一抽入口阀 VI2L001A；

关闭一抽出口阀 VO1L001A；

关闭一抽蒸汽入口阀 VI1L001A；

关闭一抽入口阀 VI2L001B；

关闭一抽出口阀 VO1L001B；

关闭一抽蒸汽入口阀 VI1L001B；

关闭二抽入口阀 VI2L002A；

关闭二抽出口阀 VO1L002A；

关闭二抽蒸汽入口阀 VI1L002A；

关闭二抽入口阀 VI2L002B；

关闭二抽出口阀 VO1L002B；

关闭二抽蒸汽入口阀 VI1L002B；

关闭真空系统用蒸汽总阀 VIMS 和中压抽汽阀 VX1MS；

打开各压力等级蒸汽导淋阀 VX2HSNY；

压缩机停下后进行机组盘车；

关闭凝液泵 P203A 出口阀 VOP203A；

停凝液泵 P203A。

（10）消防车到来进行救火。

（11）主操操作完毕向班长报告"压缩机已停车，系统正在泄压，压力降到0"。

（12）外操员操作完毕，火灭掉后向班长报告"火已熄灭，压缩机已停"。

（13）班长向调度汇报"火已熄灭，压缩机停止运转"。

（14）班长用广播宣布"紧急停车应急预案结束"。

3. 压缩机出口法兰泄漏有人中毒

作业状态：压缩机处于正常生产状况，各工艺指标操作正常。

事故描述：合成气压缩机入口法兰泄漏，有人中毒。

应急处理程序：

注：下列命令和报告除特殊标明外，都是用对讲机来进行传递。

（1）主操正在监视 DCS 操作画面，突然泄漏检测报警器响起。

（2）外操员正在现场巡检，忽然听到有泄漏的撕裂声，忙跑过去看到压缩机入口法兰呲开，大量循环氢泄漏，并看到有一记录的外操员昏倒在地。外操员立即向班长报告"合成氨装置合成气压缩机二段出口法兰处泄漏，有人中毒昏倒"。

（3）班长接到主操和外操员的报警后，立即使用广播启动《车间紧急停车应急预案》；接着用中控室岗位电话向调度室报告（电话号码：12345678；电话内容："合成气压缩机出口法兰泄漏有人中毒，已启动紧急停车应急预案"）。

（4）班长命令安全员"请组织人员到1号门口拉警戒绳"。

（5）安全员收到班长的命令后，从中控室的物资柜中取出空气呼吸器佩戴好，携带警戒绳，去 1 号大门口。到达后立即拉警戒绳（自动完成）。

（6）班长命令外操员"立即去现场"。

（7）外操员、班长戴好空气呼吸器迅速去事故现场，将中毒人员抬到安全地方。同时班长命令室内主操打电话叫救护车。

（8）班长用防爆扳手紧固螺栓，泄漏点不能消除。

（9）班长命令主操及外操员"执行紧急停车操作"。

（10）主操接到停车的命令后，打电话 120（电话内容："有人中毒昏倒在地，请派救护车来救人，拨打人张三"），然后启动室内岗位停车处理方案，具体如下：

按手动紧急停压缩机按钮；

确认关闭压缩机合成气出口阀 XV1010；

确认关闭压缩机入口蝶阀 XV1003；

通过压缩机二段出口压力控制阀 PIC1005 进行压缩机泄压。

（11）外操员接到班长的命令后到现场将受伤操作工救护到安全地方，然后执行相应操作：

关闭汽轮机入口隔离阀 VX1HS；

现场关闭低压蒸汽去密封气系统阀 VT2109；

压缩机停下后进行机组盘车；

关闭一抽入口阀 VI2L001A；

关闭一抽出口阀 VO1L001A；

关闭一抽蒸汽入口阀 VI1L001A；

关闭一抽入口阀 VI2L001B；

关闭一抽出口阀 VO1L001B；

关闭一抽蒸汽入口阀 VI1L001B；

关闭二抽入口阀 VI2L002A；

关闭二抽出口阀 VO1L002A；

关闭二抽蒸汽入口阀 VI1L002A；

关闭二抽入口阀 VI2L002B；

关闭二抽出口阀 VO1L002B；

关闭二抽蒸汽入口阀 VI1L002B；

关闭真空系统用蒸汽总阀 VIMS 和中压抽汽阀 VX1MS；

打开各压力等级蒸汽导淋阀 VX2HSNY；

关闭凝液泵 P203A 出口阀 VOP203A；

停凝液泵 P203A。

（12）班长命令安全员"打开消防通道，引导救护车进入事故现场"。救护车进入事故现场后，将受伤人员拉走。

（13）主操向班长报告"压缩机已停车，系统正在泄压，压力降到 0"。

（14）外操向班长报告"压缩机已停，机组正在盘车，蒸汽和抽汽已隔断，压缩机润滑油系统运转"。

（15）班长向调度汇报"压缩机停转，润滑油运转。待派维修人员消漏"。

（16）班长用广播宣布"紧急停车应急预案结束"。

任务七　完成合成氨反应单元操作

一、工艺内容简介

1. 工作原理

本仿真系统仅仿真合成氨装置的合成反应部分。

氨合成反应的化学方程式为：

$$N_2 + 3H_2 \rightleftharpoons 2NH_3 + Q$$

氨合成反应的特点如下：

① 可逆反应。

② 放热反应：

a. 标准状况下（25℃）101325kPa；

b. 每生成 1mol NH_3 放出 46.22kJ 热量。

③ 体积缩小的反应：3mol 氢与 1mol 氮生成 2mol 氨，压力下降。

④ 必须有催化剂存在才能加快反应。

2. 流程说明

从边界来的新鲜工艺气经原料气缓冲罐 D101 分液后，进入合成气压缩机 K101 低压段，压缩至 5.9MPa；出低压段后先经水冷器 E101，然后经氨冷器 E102 冷却至 8℃，进入段间分离罐 D102 进行气液分离；D102 出来的气体进入合成压缩机 K101 高压缸。

合成回路来的循环气与经高压段压缩后的氢氮气混合进入压缩机循环段进一步压缩至 14.6MPa。压缩机出口气体分成两路：一路经水冷器冷却后一股经防喘振阀 FIC1002 返回至压缩机高压段，另一股经防喘振阀 FIC1003 返回至压缩机循环段；另一路经换热器 E104 加热后进合成塔 T101 进行合成反应。合成气经锅炉水换热器 E105/E106 冷却至 167℃后，再经换热器 E104、水冷器 E107 冷却至 37℃分成两路：一路经换热器 E110 换热，另一路经氨冷器 E108 冷却，然后进行混合，混合后又经氨冷器 E109 冷却至 -25℃进入产品罐 D103。液氨与未反应的合成气在产品罐 D103 中分离，液氨经液控阀 LIC1003 控制出装置，未反应的合成气与 E110 换热后分成两路：一路经 PIC1001 去下游装置（弛放气罐），另一路返回压缩机与高压段压缩后的氢氮气混合进入压缩机循环段，重复上述循环。

3. 工艺卡片

合成氨反应单元工艺参数卡片如表 2-30 所示。

表 2-30 合成氨反应单元工艺参数卡片

序号	指标名称	仪表位号	单位	指标
1	合成塔 T101 催化剂热点温度	TI1012	℃	≤ 500
2	D103 气体入口温度	TI1024	℃	≤ -25
3	合成塔 T101 入口温度	TIC1001	℃	140
4	D101 罐顶压力	PIC1001	MPa	2.3 ～ 2.5
5	压缩机 K101 出口压力	PI1003	MPa	≤ 15
6	D101 液位	LIC1001	%	20 ～ 80
7	D102 液位	LIC1002	%	20 ～ 80
8	D103 液位	LIC1003	%	30 ～ 80

4. 设备列表

合成氨反应单元设备列表如表 2-31 所示。

表 2-31 合成氨反应单元设备列表

位号	名称	位号	名称
D101	原料气分离罐	E107	合成气水冷器
D102	合成气压缩机段间分离罐	E108	合成气一级氨冷器
D103	产品罐	E109	合成气二级氨冷器
E101	段间水冷器	E110	合成气换热器
E102	段间氨冷器	F101	开工加热炉
E103	防喘振水冷器	K101	合成气压缩机
E104	合成塔进出气换热器	T101	合成反应器
E106	锅炉给水二级换热器		

5. 仪表列表

合成氨反应单元仪表列表如表 2-32 所示。

表 2-32 合成氨反应单元仪表列表

点名	单位	正常值	控制范围	描述
FIC1001	m³/h（标准状况）	182221	0 ～ 250000	K101 一级防喘振流量控制
FIC1002	m³/h（标准状况）	181430	0 ～ 250000	K101 二级防喘振流量控制
FIC1003	m³/h（标准状况）	683	0 ～ 70000	K101 二级出口流量控制

续表

点名	单位	正常值	控制范围	描述
FI1004	m³/h（标准状况）	45	0～100000	进 F101 工艺气流量
FI1005	m³/h（标准状况）	0.9	0～2000	进 F101 燃料气流量
LIC1001	%	20	10～30	D101 液位控制
LIC1002	%	20	10～30	D102 液位控制
LIC1003	%	50	40～60	D103 液位控制
PIC1001	MPa	2.5	0～3.0	D101 压力控制
PI1002	MPa	5.95	0～15	K101 高压缸入口压力
PI1003	MPa	14.6	0～100	K101 高压缸出口压力
TIC1001	℃	140	0～200	合成塔入口温度控制
TI1002	℃	10	0～100	K101 低压缸入口温度
TI1003	℃	8.5	0～100	K101 高压缸入口温度
TI1004	℃	70	0～100	K101 高压缸出口温度
TI1005	℃	64	0～200	E104 管程入口温度
TI1006	℃	166	0～200	E104 壳程入口温度
TI1007	℃	86	0～100	E104 壳程出口温度
TI1008	℃	877	0～1000	F101 烟气温度
TI1009	℃	420	0～500	出 F101 工艺气温度
TI1010	℃	146	0～200	T101 塔壁塔顶温度
TI1011	℃	401	0～700	T101 一段床上部温度
TI1012	℃	<500	0～700	T101 一段床下部温度
TI1013	℃	421	0～700	T101 二段床上部温度
TI1014	℃	<500	0～700	T101 二段床中部温度
TI1015	℃	<500	0～700	T101 二段床下部温度
TI1016	℃	380	0～700	T101 三段床上部温度
TI1017	℃	<500	0～700	T101 三段床中部温度
TI1018	℃	<500	0～700	T101 三段床下部温度
TI1019	℃	360	0～500	出 T101 工艺气温度
TI1020	℃	300	0～500	出 E105 工艺气温度

续表

点名	单位	正常值	控制范围	描述
TI1021	℃	37	0～100	出 E107 工艺气温度
TI1022	℃	-5.2	-50～100	出 E108 工艺气温度
TI1023	℃	-5.1	-50～100	入 E109 工艺气温度
TI1024	℃	-25	-50～100	入 D103 工艺气温度

6. 现场阀列表

合成氨反应单元现场阀列表如表 2-33 所示。

表 2-33　合成氨反应单元现场阀列表

现场阀位号	描述	现场阀位号	描述
VX1D101	原料进 D101 现场阀	VX3D101	D101 根部阀
VX1E101	E101 冷却水现场阀	VX1D102	D102 根部阀
VX1E102	E102 冷却剂（液氨）现场阀	LV1002I	D102 液控阀前阀
VX1E103	E103 冷却水现场阀	LV1002O	D102 液控阀后阀
VX1E107	E107 冷却水现场阀	LV1002B	D102 液控阀旁路阀
VX1E108	E108 冷却水现场阀	SPV101I	D101 罐顶安全阀前阀
VX1E109	E109 冷却水现场阀	SPV101O	D101 罐顶安全阀后阀
VX1F101	工艺气入加热炉 F101 现场阀	SPV101B	D101 罐顶安全阀旁路阀
VX2D101	D101 去压缩机 K101 现场阀	SPV102I	D102 罐顶安全阀前阀
VX2F101	F101 长明灯现场阀	SPV102O	D102 罐顶安全阀后阀
VX3F101	F101 风门	SPV102B	D102 罐顶安全阀旁路阀
LV1001I	D101 液控阀前阀	SPV103I	K101 出口安全阀前阀
LV1001O	D101 液控阀后阀	SPV103O	K101 出口安全阀后阀
LV1001B	D101 液控阀旁路阀	SPV103B	K101 出口安全阀旁路阀
MIC1007O	F101 主火嘴后阀	XV1006B	XV1006 旁路阀
MIC1007B	F101 主火嘴旁路阀	MIC1007I	F101 主火嘴前阀

7. 合成氨反应单元仿真 PID 图

合成氨反应单元仿真 PID 图如图 2-54、图 2-55 所示。

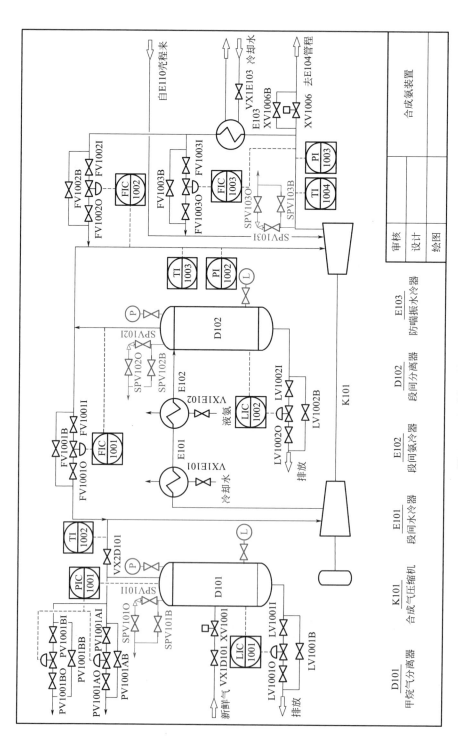

图 2-54　合成气压缩机仿真 PID 图

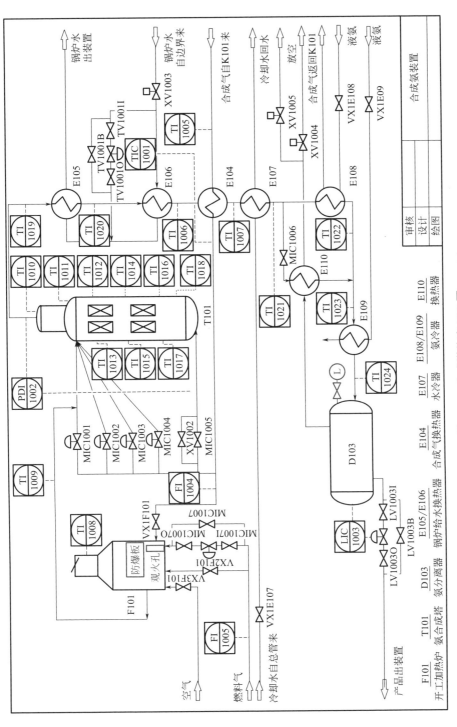

图 2-55 合成塔仿真 PID 图

8. 合成氨反应单元 DCS 图

合成氨反应单元 DCS 图如图 2-56～图 2-58 所示。

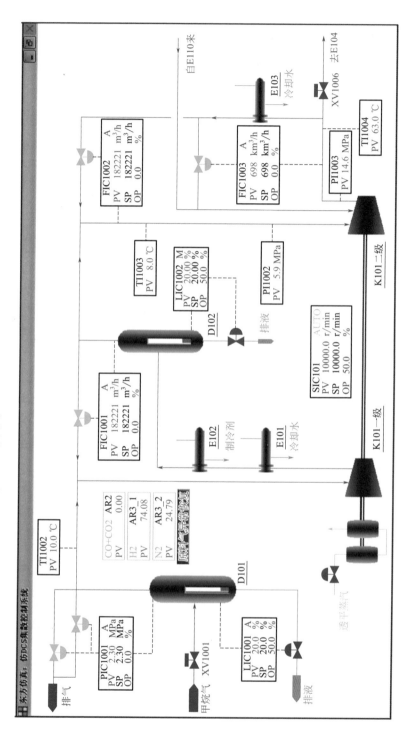

图 2-56　合成气压缩机 DCS 图

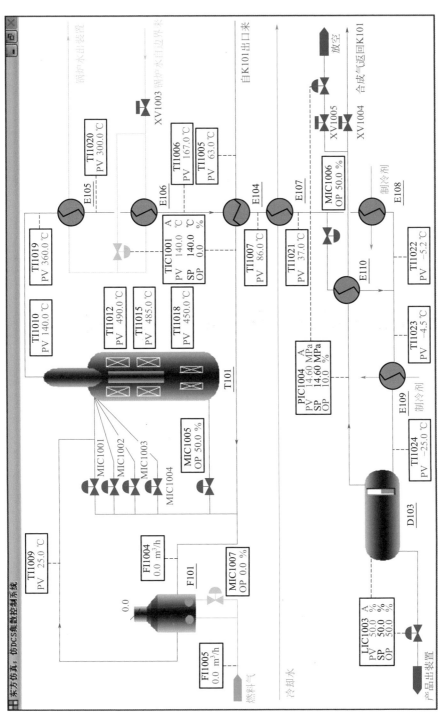

图 2-57 合成塔 DCS 图

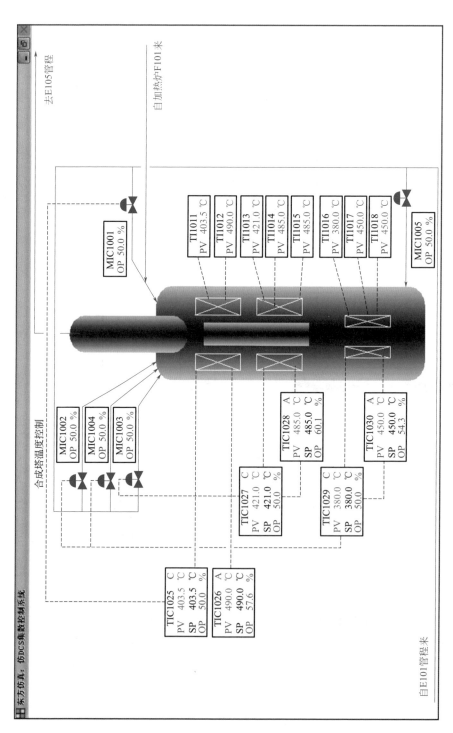

图 2-58 合成塔温度控制 DCS 图

二、**作业现场安全隐患排除——仿真与实物**

1. 原料中断

事故原因：原料中断。

事故现象：原料气分离罐压力下降，压缩机出口压力下降。

处理原则：紧急停车。

具体步骤：

（1）全开原料气分离罐 D101 压力控制阀 PIC1001，原料气分离罐 D101 泄压。

（2）关闭压缩机出口去合成塔电磁阀 XV1006。

（3）关闭 D103 返回 K101 入口电磁阀 XV1004。

（4）待合成塔温控阀 TIC1025、TIC1027、TIC1029 置手动后。

（5）关闭 MIC1001、MIC1002、MIC1003、MIC1004、MIC1005。

（6）关闭锅炉水边界阀 XV1003。

（7）关闭 D103 返回 K101 入口现场阀 VX1E110。

（8）在辅操台上按压缩机紧急停车按钮。

（9）关闭原料气进料电磁阀 XV1001、现场阀 VX1D101。

（10）关闭液氨罐液控阀 LIC1003 及其前后阀。

扫一扫看视频

合成氨反应作业现场安全隐患排除

2. 冷却水中断

事故原因：冷却水中断。

事故现象：压缩机出口温度升高，反应器温度升高。

处理原则：紧急停车。

具体步骤：

（1）分别全开换热器 E109、E108、E102 制冷剂现场阀 VX1E109、VX1E108、VX1E102。

（2）全开原料气分离罐 D101 压力控制阀 PIC1001，原料气分离罐 D101 泄压。

（3）分别缓慢打开防喘振阀 FIC1002、FIC1003、FIC1001。

（4）关闭压缩机出口去合成塔电磁阀 XV1006。

（5）关闭 D103 返回 K101 入口电磁阀 XV1004。

（6）待合成塔温控阀 TIC1025、TIC1027、TIC1029 置手动后，关闭 MIC1001、MIC1002、MIC1003、MIC1004、MIC1005。

（7）关闭锅炉水边界阀 XV1003。

（8）关闭 D103 返回 K101 入口现场阀 VX1E110。

（9）在辅操台上按压缩机紧急停车按钮。

（10）关闭原料气进料电磁阀 XV1001、现场阀 VX1D101。

（11）关闭液氨罐液控阀 LIC1003 及其前后阀。

3. 原料气分离器高液位联锁

事故原因：原料气分离器 D101 液位高。

事故现象：压缩机 K101 联锁停车。

处理原则：关闭相关阀门，系统泄压。

具体步骤：

（1）关闭压缩机出口去合成塔电磁阀 XV1006。

（2）关闭氨分离器 D103 返回压缩机 K101 入口电磁阀 XV1004。

（3）关闭氨分离器 D103 返回压缩机 K101 入口现场阀 VX1E110。

（4）待合成塔温控阀 TIC1025、TIC1027、TIC1029 置手动后，关闭 MIC1001、MIC1002、MIC1003、MIC1004、MIC1005。

（5）关闭锅炉水边界阀 XV1003。

（6）关闭液氨罐液控阀 LIC1003 及其前后阀。

（7）关闭原料气进料电磁阀 XV1001、现场阀 VX1D101。

（8）打开甲烷气分离器压力控制阀 PIC1001，系统泄压。

三、作业现场应急处置——仿真

1. 合成气压缩机出口法兰泄漏着火

扫一扫看视频

合成氨反应作业现场应急处置

作业状态：合成压缩机和合成塔处于正常生产状况，各工艺指标操作正常。

事故描述：K101 出口法兰泄漏着火。

应急处理程序：

注：下列命令和报告除特殊标明外，都是用对讲机来进行传递。

（1）外操员正在巡回检查，走到压缩机 K101 附近时看到出口法兰处泄漏着火，且火势较大。外操员立即向班长汇报"压缩机 K101 出口法兰处泄漏着火"。

（2）班长接到外操员的报警后，立即使用广播启动《压缩机 K101 出口法兰泄漏着火应急预案》；然后命令安全员"请组织人员到门口拉警戒绳"；接着用中控室岗位电话向调度室报告发生泄漏（电话号码：12345678；电话内容："压缩机 K101 出口法兰处泄漏着火，已启动应急预案"）。

（3）外操员返回中控室佩戴空气呼吸器及取 F 型扳手，迅速去事故现场。

（4）班长佩戴空气呼吸器及取 F 型扳手，迅速去事故现场。

（5）安全员收到班长的命令后，从中控室的工具柜中取出空气呼吸器佩戴好，携带警戒绳，去 1 号大门口。到达后立即拉警戒绳（自动完成）。

（6）班长通知主操打电话 119 报火警（火警内容："合成反应系统压缩机出

口法兰氢气泄漏着火，火势较大，请派消防车，报警人张三")。

（7）班长通知安全员"请组织人员到1号门口引导消防车"。

（8）班长通知主操与外操"执行紧急停车操作"。

（9）室内主操员接到停车的命令后，手动按辅操台K101紧急停车按钮，关闭原料气进料电磁阀XV1001、压缩机出口去合成塔电磁阀XV1006、产品出装置液控阀LIC1003、XV1004、XV1003；待合成塔温控阀TIC1025、TIC1027、TIC1029置手动后，关闭MIC1005、MIC1001、MIC1002、MIC1003、MIC1004。操作完成后，主操向班长汇报"室内按紧急停车处理完毕"。

（10）外操员接到紧急停车命令后，关闭产品罐返回压缩机现场阀VX1E110，打开D101、D102、D103根部阀进行排液，待液位排空后关闭其根部阀；关闭D103液控阀前后阀LV1003I、LV1003O。操作完成后，外操员向班长汇报"现场按紧急停车处理完毕"。

（11）班长接到外操员和室内主操员的汇报后，经检查无误，向调度汇报"事故处理完毕，请派维修人员进行维修"。

（12）班长用广播宣布"解除事故应急预案"。

2. 产品罐入口法兰泄漏伤人

作业状态：合成压缩机和合成塔处于正常生产状况，各工艺指标操作正常。

事故描述：产品罐入口法兰泄漏伤人。

应急处理程序：

注：下列命令和报告除特殊标明外，都是用对讲机来进行传递。

（1）外操员正在巡回检查，走到产品罐D103附近看到入口法兰处泄漏，有一人昏倒在地。外操员立即向班长汇报"D103入口法兰处液氨泄漏，有人受伤倒地"。

（2）班长接到外操员的报警后，立即使用广播启动《D103入口法兰泄漏有人受伤倒地应急预案》；然后命令安全员"请组织人员到门口拉警戒绳"；接着用中控室岗位电话向调度室报告发生泄漏（电话号码：12345678；电话内容："D103入口法兰处液氨泄漏，已启动应急预案"）。

（3）外操员返回中控室佩戴空气呼吸器及取F型扳手，迅速去事故现场。

（4）班长从中控室的物资柜中取出空气呼吸器佩戴好，并携带F型扳手迅速去事故现场。

（5）安全员收到班长的命令后，从中控室的工具柜中取出空气呼吸器佩戴好，携带警戒绳，去1号大门口。到达后立即拉警戒绳（自动完成）。

（6）班长命令主操"请拨打电话120叫救护车"。

（7）主操拨打120（电话内容："合成反应系统液氨泄漏，有人受伤倒地，请派救护车，拨打人张三"）。

（8）班长通知安全员"请组织人员到1号门口引导救护车"。

（9）班长通知主操与外操"执行紧急停车操作"。

（10）室内主操员接到停车的命令后，手动按辅操台 K101 紧急停车按钮，关闭原料气进料电磁阀 XV1001、压缩机出口去合成塔电磁阀 XV1006、产品出装置液控阀 LIC1003、XV1004、XV1003；待合成塔温控阀 TIC1025、TIC1027、TIC1029 置手动后，关闭 MIC1005、MIC1001、MIC1002、MIC1003、MIC1004。操作完成后，主操向班长汇报"室内按紧急停车处理完毕"。

（11）外操员接到紧急停车命令后，关闭产品罐返回压缩机现场阀 VX1E110，打开 D101、D102、D103 根部阀进行排液，待液位排空后关闭其根部阀。操作完成后，外操员向班长汇报"现场按紧急停车处理完毕"。

（12）班长接到外操员和室内主操员的汇报后，经检查无误，向调度汇报"事故处理完毕，请派维修人员进行维修"。

（13）班长用广播宣布"解除事故应急预案"。

3. 合成塔塔顶换热器热水出口法兰泄漏伤人

作业状态：合成压缩机和合成塔处于正常生产状况，各工艺指标操作正常。

事故描述：E105 热水出口法兰泄漏伤人。

应急处理程序：

注：下列命令和报告除特殊标明外，都是用对讲机来进行传递。

（1）外操员正在巡回检查，走到换热器 E105 附近看到热水出口法兰处泄漏，有一人被烫伤倒地。外操员立即向班长汇报"换热器 E105 热水出口法兰泄漏，有人受伤倒地"。

（2）班长接到外操员的报警后，立即使用广播启动《换热器 E105 热水出口法兰处泄漏有人被烫伤倒地应急预案》；然后命令安全员"请组织人员到门口拉警戒绳"；接着用中控室岗位电话向调度室报告发生泄漏（电话号码：12345678；电话内容："换热器 E105 热水出口法兰泄漏有人被烫伤倒地，已启动应急预案"）。

（3）外操员返回中控室佩戴空气呼吸器及取 F 型扳手，迅速去事故现场。

（4）班长从中控室的物资柜中取出空气呼吸器佩戴好，并携带 F 型扳手迅速去事故现场。

（5）安全员收到班长的命令后，从中控室的工具柜中取出空气呼吸器佩戴好，携带警戒绳，去 1 号大门口。到达后立即拉警戒绳（自动完成）。

（6）班长命令主操"请拨打电话 120 叫救护车"。

（7）主操拨打 120（电话内容："合成反应系统热水泄漏，有人被烫伤倒地，请派救护车，拨打人张三"）。

（8）班长通知安全员"请组织人员到 1 号门口引导救护车"。

（9）泄漏点喷出的是热水，人员不能靠近。班长通知主操与外操"执行紧急停车操作"。

（10）室内主操员接到停车的命令后，手动按辅操台 K101 紧急停车按钮，关闭原料气进料电磁阀 XV1001、压缩机出口去合成塔电磁阀 XV1006、产品出装置液控阀 LIC1003、XV1004、XV1003；待合成塔温控阀 TIC1025、TIC1027、TIC1029 置手动后，关闭 MIC1005、MIC1001、MIC1002、MIC1003、MIC1004。操作完成后，主操向班长汇报"室内按紧急停车处理完毕"。

（11）外操员接到紧急停车命令后，关闭产品罐返回压缩机现场阀 VX1E110，打开 D101、D102、D103 根部阀进行排液，待液位排空后关闭其根部阀；关闭产品罐 D103 液控阀前后阀 LV1003I、LV1003O。操作完成后，外操员向班长汇报"现场按紧急停车处理完毕"。

（12）班长接到外操员和室内主操员的汇报后，经检查无误，向调度汇报"事故处理完毕，请派维修人员进行维修"。

（13）班长用广播宣布"解除事故应急预案"。

参考文献

［1］ 全国安全生产教育培训教材编审委员会 . 合成氨工艺作业［M］. 徐州：中国矿业大学出版社，2013.

［2］ 赵刚 . 化工仿真实训指导［M］.3 版 . 北京：化学工业出版社，2019.

［3］ 国家安全生产监督管理总局人事司（宣教办），国家安全生产监督管理总局培训中心 . 特种作业安全技术实际操作考试标准（试行）汇编［M］. 徐州：中国矿业大学出版社，2015.

［4］ 张荣，张晓东 . 危险化学品安全技术［M］. 北京：化学工业出版社，2009.